Beck'sche Schwarze Reihe
Band 309

HANS-JOACHIM WERNER

Eins mit der Natur

Mensch und Natur
bei
Franz von Assisi,
Jakob Böhme, Albert Schweitzer
und Pierre Teilhard de Chardin

VERLAG C.H.BECK MÜNCHEN

Mit vier Porträts

CIP-Kurztitelaufnahme der Deutschen Bibliothek

Werner, Hans-Joachim:
Eins mit der Natur : Mensch u. Natur bei Franz von Assisi,
Jakob Böhme, Albert Schweitzer u. Pierre Teilhard
de Chardin / Hans-Joachim Werner. – Orig.-Ausg.
– München : Beck, 1986.
(Beck'sche Schwarze Reihe ; Bd. 309)
ISBN 3 406 31301 9
NE: GT

ISBN 3 406 31301 9

Originalausgabe
Einbandentwurf von Rudolf Huber-Wilkoff, München
Umschlagbild: Holzstich (Ausschnitt) aus: Camille Flammarion,
„L'Atmosphère – Météorologie populaire", 1888.

Gesamtherstellung: C. H. Beck'sche Buchdruckerei, Nördlingen
Printed in Germany

Inhalt

Einleitung

> „Als Platon handelte, hatte er wahrscheinlich das Bewußtsein, durch seine Freiheit nur eine im Raum und in der Dauer eng umschriebene Partikel der Welt aufs Spiel zu setzen. Wenn ein Mensch von heute mit vollem Bewußtsein handelt, weiß er, daß seine Entscheidung auf Myriaden von Jahrhunderten und Lebewesen nachwirkt. Er fühlt in sich die Verantwortung und die Kraft eines ganzen Universums. Auf Grund der Tatsache des Fortschritts hat sich der Akt des Menschen nicht in jedem Individuum verändert; der Akt der menschlichen Natur aber hat in jedem bewußten Menschen eine absolut neue Fülle gewonnen."
>
> *Teilhard de Chardin*
> *Bemerkung zum Fortschritt (1920)*

Der Umgang des Menschen mit der Natur gibt gegenwärtig Anlaß zu mancherlei Fragen. Mit Begriffen wie „Umweltschäden" oder „Umweltzerstörung" ist in der Regel nicht gemeint, daß unsere Umwelt aufgrund innerer Mängel schadhaft sei und zugrundegehe; sie weisen vielmehr auf den Menschen als schadenstiftendes, zerstörerisches Subjekt hin. Die konkreten Probleme, die sich dabei ergeben haben, sind bekannt. Sie deuten darauf hin, daß das Verhältnis des Menschen zur Natur auf eine grundsätzliche Weise gestört ist, und führen zu der Leitfrage, wie dieses Verhältnis anders begriffen und gestaltet werden kann.

Die in der Gegenwart immer noch wirksame praktische Einstellung zur natürlichen Umwelt, die zu den erwähnten Problemen geführt hat, hat ihre philosophische Grundlage vor allem in den Konzeptionen des Francis Bacon (1561–1626), der menschliches Wissen als Macht über die Natur beschrieb, und des René Descartes (1596–1650), der der äußeren Natur lediglich die Grundbestimmung der Ausdehnung zugestand.

Freilich wäre es historisch nicht angemessen, wenn man Bacon oder Descartes für die heutigen Umweltprobleme verantwortlich machen wollte. Sie hätten Futurologen mit übermenschlicher Seherkraft sein müssen, um ermessen zu können, wozu der Mensch in der Lage ist, wenn er sein Wissen primär unter der Perspektive der Ausübung von Macht über die Natur und letztere lediglich als qualitätsloses Objekt begreift.

Aber es hat den Anschein, als habe sich diese philosophische Konzeption von ihren Urhebern abgelöst und gleichsam verselbständigt. Der Mensch als selbstbezügliches Subjekt, welches zwar die Natur braucht, aber außerhalb ihrer steht, so daß die Dinge der Natur als bloße Objekte erscheinen; der Mensch als das verfügende Wesen, welches die äußeren Dinge vorwiegend auf ihren ökonomischen Nutzen hin analysiert – dies scheint die abstrakte, aber sehr wirksame Grundlage vieler Entwicklungen zu sein, die uns heute großes Unbehagen bereiten.

Dieses Buch wurde durch die Überlegung ausgelöst, daß wir uns in unserer eigenen Tradition umschauen müssen, wenn wir nach Ansätzen zu neuen Antworten auf die Frage nach dem Verhältnis des Menschen zur Natur suchen wollen. Natürlich gibt es Traditionen in anderen, vor allem fernöstlichen Kulturen, in denen ein grundsätzlich anderes Naturverständnis wirksam gewesen und weiterhin wirksam ist. Jedoch bleiben uns solche Traditionen letztlich fremd, sie greifen nicht in unser Leben, wenn wir in unserer eigenen Geschichte keine entsprechenden Anknüpfungspunkte finden.

Die Suche nach grundsätzlich anderen Darstellungen des Verhältnisses zwischen Mensch und Natur innerhalb der abendländischen Tradition war ausschlaggebend für die Konzentration auf Franz von Assisi, Jakob Böhme, Albert Schweitzer und Pierre Teilhard de Chardin.

Deren Sichtweise wird am besten mit „ganzheitlich“ umschrieben, wenn man nicht zu hohe Anforderungen an die Definierbarkeit dieses Begriffes stellt. Mit „ganzheitlich“ ist erstens gemeint, daß im Unterschied zur cartesianisch-bacon'schen Sichtweise Mensch und Natur als organische Ganzheit erscheinen, d. h. als eine Struktur, deren Glieder wesenhaft aufeinander hingeordnet sind. Wenn Franz von Assisi alle Geschöpfe als ,,Bruder" oder ,,Schwester" bezeichnet, so klingt damit ein Motiv an, welches bei allen hier besprochenen Autoren wirksam ist.

Daraus aber ergibt sich zweitens, daß das eine dieser zusammengehörigen Glieder jeweils Strukturmerkmale des anderen in sich trägt. Das bedeutet für den Menschen, daß er – anders als der Rationalismus der Neuzeit meint – nicht nur ,,Denken" oder ,,Geist" ist, sondern auch Materie, Leib. Es bedeutet für die nichtmenschlichen Wesen innerhalb der Natur, daß sie nicht aus bloß ausgedehnter Materie bestehen, sondern auf differenzierte, stufenhaft gegliederte Weise ,,Geist" in sich tragen. Der Geist ist nicht erst mit dem Menschen in die Welt gekommen, sondern prägt die innere Struktur jedes Dinges – dies ist die gemeinsame Grundüberzeugung von Franz von Assisi, Jakob Böhme, Albert Schweitzer und Teilhard de Chardin.

In unterschiedlicher, mit dem zeitlichen Fortschritt wachsender Intensität vertreten sie drittens die Auffassung, daß Mensch und Natur keine statische, fertige Ganzheit sind, sondern eine Einheit bilden, die sich *entwickeln* muß, wobei dem Menschen eine aktive, von Verantwortungsbewußtsein geprägte Rolle zufällt. Dies ist vor allem der Gedanke Teilhard de Chardins, dessen Konzeption als spekulative Entfaltung und Deutung der Evolutionstheorie zu verstehen ist; deutliche Ansätze zu dieser dynamischen Sichtweise finden sich auch bei den anderen Autoren. Dieser dritte Punkt ist insofern für die Gegenwart von besonderer Bedeutung, als hier die Möglichkeit sichtbar wird, den Menschen einerseits als Teil einer Ganzheit zu verstehen, die er nicht aufs Spiel setzen darf, und ihm andererseits gleichzeitig eine Sonderstellung innerhalb der Schöpfung zuzugestehen – eine Sonderstellung, die besondere Rechte, aber auch Verantwortung einschließt. Bemerkenswert ist auch, daß der Entwicklungsgedanke ein undifferenziertes ,,Zurück zur Natur" ausschließt.

Franz von Assisi, Jakob Böhme, Albert Schweitzer und Teilhard de Chardin verbindet nicht nur die ganzheitliche Perspektive, sondern auch ihr Verhältnis zur Lebenspraxis. Es ist heute schwierig, philosophische Positionen so zu vermitteln, daß von ihnen Impulse für das menschliche Handeln ausgehen, wenn diese Positionen selbst in einem eher akademisch-theoretischen Raum entwickelt wurden. Es scheint so, als könne Philosophie heute nur noch dann über ihren eigenen theoretischen Rahmen hinaus wirken, wenn sie nicht nur gelehrt, sondern auch sichtbar gelebt wird.

Dies scheint bei den hier berücksichtigten Autoren in besonderer Weise der Fall zu sein. Sie alle haben entweder selbst über ihre Schriften hinaus praktisch gewirkt oder Bewegungen hervorgerufen und gestärkt, die von vornherein den theoretischen Rahmen sprengten. Bei Franz von Assisi und Albert Schweitzer tritt diese praktische Wirksamkeit überdeutlich hervor, bei Jakob Böhme und Teilhard de Chardin sind die mächtigen Lebensimpulse, die von ihnen ausgingen, unmittelbar in ihrer Lehre fundiert, beinahe schon Teil derselben. In den jeweiligen Kapiteln werden wir uns deshalb nicht nur für die erwähnten Momente ganzheitlichen Denkens, sondern auch für das Leben, für die Wirksamkeit der Autoren interessieren – nicht zuletzt auch für ihre Wirkungsgeschichte.

Aus philosophiegeschichtlicher Perspektive schließlich wird auch eine eher negative Gemeinsamkeit deutlich. Betrachtet man die Philosophie als eine akademische, „etablierte" Disziplin, so stehen Jakob Böhme, Albert Schweitzer und Teilhard de Chardin eher am Rande – von Franz von Assisi, der ja keine theoretischen Schriften verfaßt hat, ganz zu schweigen.

Die Reserviertheit, mit der die Philosophie als eine institutionalisierte Disziplin ihnen gegenübertrat, hat ihren Grund zum Teil in der ungewohnten, konventionelle Grenzen nicht berücksichtigenden, manchmal auch „ungelehrten" Sicht- und Darstellungsweise, wie sie besonders bei Jakob Böhme, dem Schuster aus Böhmen, aber auch bei den anderen Autoren zutage tritt. Aber gerade deshalb wäre für die Philosophie ein Grund gegeben, sich intensiver mit ihnen zu beschäftigen. Die Philosophie kreist heute allzu häufig um ihre eigene Begrifflichkeit, befaßt sich mit endlosen Begründungsaporien, für die sich außer einigen Philosophen kaum jemand interessiert. Währenddessen sind ihr die großen Sinnfragen aus dem Blick geraten und werden nun von anderen Denkern wieder entdeckt. Sicher können die Philosophen davon profitieren, wenn sie auch auf das hören, was von „Außenseitern" wie den hier betrachteten kommt. Vielleicht hat deren Randposition sogar den Vorteil, daß neue Interpretationen unter dem Aspekt der verhandelten Sache aufgenommen werden, anstatt sogleich in hermeneutische Richtungskämpfe verwickelt zu werden.

Die Suche nach einer „anderen" Sicht des Verhältnisses Mensch-Natur innerhalb der abendländischen Tradition führte uns zu den Christen Franz von Assisi, Jakob Böhme, Albert Schweitzer und Teilhard de Chardin. Von hier aus schon läßt sich bezweifeln, ob Autoren wie C. Améry (1972), L. White (1973) und E. Drewermann (1981) mit ihrer These recht haben, der „gnadenlose" Umgang des Menschen mit der Natur sei gerade auf die Geisteshaltung des Christentums zurückzuführen. Dennoch ist zuzugestehen, daß es zwar dem Selbstverständnis der hier darzustellenden Autoren entspricht, wenn man sie innerhalb der Tradition des Christentums betrachtet, daß aber ihr jeweiliges Verhältnis zur Institution Kirche alles andere als spannungsfrei war. Das gilt besonders für Jakob Böhme und Teilhard de Chardin. Die Gründe für das Mißtrauen, welches die kirchlichen Institutionen ihnen seinerzeit entgegenbrachten, liegen zum einen in spezifisch theologischen Problemen, zum anderen in der erwähnten praktischen Komponente ihrer Lebensleistung: Hier wurden Lebensmöglichkeiten sichtbar, von denen man nicht wissen konnte, ob sie innerhalb des tradierten Geltungsrahmens verbleiben würden. Die Autoren selbst, die wir hier zu betrachten haben, wollten jedoch lediglich auf Denk- und Lebensmöglichkeiten hinweisen, die, vielleicht verborgen, innerhalb der christlichen Tradition lagen und deren Weiterentwicklung bedeuteten.

Daß die Autoren nicht über jede Kritik erhaben sind, wird sich bei der Diskussion unserer Leitfrage zeigen. Insgesamt wird jedoch deutlich werden, daß wir in der grundsätzlichen Frage nach dem

Verhältnis des Menschen zur Natur von Franz von Assisi, Jakob Böhme, Albert Schweitzer und Teilhard de Chardin wichtige theoretische und praktische Impulse erhalten können. Im übrigen dürfen die Gemeinsamkeiten zwischen diesen Denkern nicht darüber hinwegtäuschen, daß jeder seine eigenen, oft sehr eigenwilligen Wege gegangen ist.

Franz v. Assisi 1181/1182–1226

(Fresko in Subiaco aus dem Jahre 1224 oder 1228; Foto: Pontificio Istituto di Archeologia Cristiana, Rom)

I.
„Untertan allem Getier und Gewürm“ Franz von Assisi und die Philosophie der Geschöpflichkeit

Wenn man bedenkt, daß Franz von Assisi zeit seines Lebens zu Übertreibungen neigte, so ist ihm eine Aussage, der Mensch und vor allem er, Franziskus selbst, sei allem Getier und Gewürm untertan, zuzutrauen. Aber: Franziskus und die Philosophie – dies bedarf der Erklärung. Denn sein Verhältnis zur Philosophie und zur Wissenschaft überhaupt war äußerst kritisch. Selbst die Theologie ist von seiner Abneigung gegen alle Gelehrsamkeit betroffen, insofern diese zum Hochmut verleitet. Franziskus, so wird berichtet, habe nach seiner Rückkehr aus Ägypten 1220 in Bologna entgegen seinen Weisungen ein von Peter Stacia geleitetes minoritisches Studienhaus vorgefunden, woraufhin er unverzüglich den Auszug aller Brüder, selbst der kranken, angeordnet habe (nach G. Wendelborn 1977, 300; vgl. auch 2 Celano 290; lat. 166). Den Leiter, der sich als einziger geweigert habe, dieser Anordnung Folge zu leisten, habe er verflucht und diesen Fluch auch nicht zurückgenommen, als Peter Stacia ihn auf seinem Sterbelager darum gebeten habe.

Auch wenn es sich hier um eine Übertreibung handelt: daß Franz alles andere als ein Gelehrter und gar ein Philosoph im schulmäßigen Sinne war, steht fest. Zwar konnte er lesen und schreiben, beherrschte die lateinische Sprache, sprach und liebte Französisch, die Sprache der Troubadours; dennoch konnte er mit einigem Recht in seinem Testament feststellen, er und seine Gefährten seien „Idioten“ – Leute ohne Bildung – gewesen. In der Ordensregel aus dem Jahre 1223, die von Papst Honorius III. bestätigt wurde, wird den Brüdern, die bei ihrem Eintritt in den Orden noch keine wissenschaftlichen Kenntnisse besitzen, sogar untersagt, sich solche zu erwerben, damit sie keine Beute des Stolzes und des Hochmuts würden.

Was die Philosophie angeht, so kann man ziemlich sicher sein, daß er von den Auseinandersetzungen, die das frühe 13. Jahrhundert beherrschten, nie etwas gehört hat. Welchen Wirklichkeitsgehalt etwa ,,das Allgemeine" besitze – die Kernfrage des seit langem die Gelehrten bewegenden Universalienstreites; ob und wie sich die Philosophie des Aristoteles mit der katholischen Lehre vertrage, sie sogar positiv beeinflussen könne; welche Rolle die arabischen Philosophen Avicenna und Averroes bei diesem Prozeß zu spielen hätten – all dies sind Fragen, auf die er wahrscheinlich mit einem gleichgültigen, wenn nicht unwilligen Achselzucken reagiert hätte.

Bemerkenswert ist freilich, daß die franziskanische Bewegung, die von ihm ausging, gerade zur Beantwortung dieser Fragen Wesentliches beigesteuert hat. Franziskus selbst aber steht auf dem Standpunkt: plus exemplo quam verbo – mehr durch das eigene Beispiel als durch Worte wirken – oder, bezogen auf das Verhältnis Wissen-Tun: soviel weiß der Mensch von der Wissenschaft, soviel er selbst ins Werk setzt (tantum scit homo de scientia, inquantum operatur – zit. nach A. Gemelli 1936, 449).

,,Beispiel", ,,Ins Werk setzen": die Anschaulichkeit, die in solchen Worten deutlich wird, ist ein Charakterzug, der Franziskus sein ganzes Leben hindurch, so wie wir es kennen, begleitet hat. Die Berichte über sein Leben wirken zuweilen so, als habe er manche Szenen mit unbewußter Dramaturgie ins Werk gesetzt, um auf anschauliche Weise zu zeigen, auf was es ihm ankam. G. K. Chesterton, vielleicht der beste seiner zahlreichen Biographen, weist darauf hin, daß ,,sein ganzes Leben aus solchen unbewußten Gebärden und treffsicheren Gesten" bestand. Seine Abneigung gegen Gelehrsamkeit und Wissenschaft ist nicht so zu verstehen, als habe er selbst keine Ideen gehabt. Er hatte eben nur seine eigene, sehr wirkungsvolle Methode, sie mitzuteilen, indem er sie anschaulich vorführte.

Dafür mag als Beispiel die berühmte Szene dienen, in der er sich von seinem Vater lossagt. M. Huber-Legnani (1984, 18ff.) hat kürzlich darauf hingewiesen, daß diese Szene gut in ein mittelalterliches Mysterienspiel hineinpassen würde. Als Franziskus im Jahre 1206, dem Jahr seiner Umkehr, in dem verfallenen Kirchlein San Damiano den Befehl des Herrn vernahm, Gottes einstürzendes Haus wieder aufzubauen, eilte er nach Hause, ergriff einige Tuchballen aus dem Lager seines Vaters, eines wohlhabenden Händlers, und verkaufte sie in einem benachbarten Ort. Das Geld brachte er dem alten Priester, der San Damiano zu betreuen hatte, mit der Bitte, es für den Wiederaufbau der Kirche zu verwenden. Als sein Vater von der Reise zurückkehrte, wurde er verständlicherweise zornig. Er war schon seit längerem über das seltsame Gebaren seines älteren Sohnes beunruhigt, der sein Geschäft einmal übernehmen sollte, und sperrte ihn kurzerhand ein. Franziskus entfloh jedoch mit Hilfe seiner Mutter und stellte sich schließlich dem bischöflichen Gericht. Die dann folgende Szene schildert Thomas von Celano, Weggefährte und erster Biograph des Franz von Assisi, wie folgt:

„Vor den Bischof geführt, duldete er weder Aufschub noch irgendeine Verzögerung; ja, nicht einmal Worte wartete er ab, noch sprach er solche, sondern legte sofort all seine Kleider ab, warf sie hin und gab sie dem Vater zurück. Nicht einmal die Hose behielt er zurück, vollständig entblößte er sich angesichts aller. Als aber der Bischof seine Entschiedenheit bemerkte, erhob er sich allsogleich voll hoher Bewunderung für seinen glühenden Eifer und seine Standhaftigkeit, schloß ihn in seine Arme und bedeckte ihn mit dem Mantel, den er trug." (1 Celano 84; lat. 14)

Diese Szene, die von Giotto und seiner Schule mehrfach gemalt wurde, zeigt zunächst, wie es Franziskus gelingt, das, was er sagen will, deutlich zu machen, ohne ein Wort zu verlieren. Anstatt über die Notwendigkeit einer Umkehr, über das Verhältnis geistige, besser: geistliche/materielle Werte lange zu reden, wirft er seinem Vater die Kleider vor die Füße und demonstriert in einer Art „schauspielerische(r) Vermittlung" (M. Huber-Legnani 1984, 16) seine eigene Einstellung.

Die Szene zeigt aber auch eine gewisse Ambibalenz in seinem Verhalten, die sein ganzes Leben bestimmt und es von vornherein problematisch macht, ihn für eine bestimmte Haltung oder Richtung zu vereinnahmen. An solchen Versuchen hat es nicht gefehlt. H. Thode und P. Sabatier etwa haben versucht, Franziskus als Vorläufer oder gar Initiator der italienischen Renaissance zu charakterisieren. Auch Versuche, Franziskus mit Luther in Beziehung zu setzen, hat es gegeben, z.B. wieder bei H. Thode, der die Gemeinsamkeit in der „übergewaltige(n) Gefühlsmacht" (1926, 572) sieht. Und schließlich: Franziskus als Aussteiger und Friedensbote – eine Deutung, die in unsere Zeit paßt und kürzlich von H. Fink vorgelegt wurde.

Wer also war Franz von Assisi? Bei der Aufzählung der äußeren Lebensdaten können wir uns kurz fassen: Franziskus wurde 1182 als Sohn des begüterten Tuchhändlers Pietro Bernardone und seiner Frau Donna Pica in Assisi geboren. Allem Anschein nach verlief seine Jugend glücklich und frei von äußeren Problemen. In einer militärischen Auseinandersetzung Assisis mit Perugia, die Franziskus als Auftakt für eine Laufbahn als Ritter benutzen wollte, wurde er gefangengenommen und fast ein Jahr lang festgehalten.

Das lange Stadium seiner Bekehrung beginnt wahrscheinlich in dieser Zeit. Es wurde abgeschlossen mit einer Erleuchtung, die ihn während eines Gottesdienstes in der „Portiuncula" – einem Kirchlein bei Assisi – im Jahre 1209 überkam. Franziskus beschloß, dem Jesus-Wort „Nehmt kein Felleisen mit auf den Weg, nicht zwei Röcke, keine Sandalen, keinen Stecken" so buchstabengetreu wie möglich zu folgen und ein Leben in tätiger Armut zu führen. Daß dieser Prozeß nicht spannungsfrei verlief, zeigt schon die erwähnte Szene mit seinem Vater.

Als das Jahr der eigentlichen Gründung des Franziskanerordens kann man das Jahr 1209 bezeichnen – das Jahr, in welchem Papst Innozenz III. die Ordensregel billigte. Die nächsten Jahre sind erfüllt von unermüdlicher Missionstätigkeit und einer raschen Expansion des neuen Ordens, von der Gründung des „zweiten Ordens" der „Armen Frauen", dem zunächst Clara Offreduccio vorstand, und des „Dritten Ordens", einer Gemeinschaft für Weltleute. Man darf sich Franziskus dabei nicht als den großen Organisator vorstellen, der die ganze Entwicklung zielbewußt leitete. Es wird vielmehr so gewesen sein, daß er ihr mit tiefem Mißbehagen zuschaute, immerzu nach Kompromissen suchend zwischen notwendigen organisatorischen Maßnahmen, die den ganzen Orden betrafen, und dem tätig-einfachen Leben in der kleinen Gemeinschaft.

Am wohlsten dürfte er sich gefühlt haben, wenn er mit den ,,drei Gefährten" – Rufinus, Leo und Angelus – übers Land ziehen und dabei dem Prinzip: plus exemplo quam verbo, folgen konnte. Die zahlreichen Legenden, die sich um das Leben des Franziskus ranken und eine exakte Trennung zwischen Fiktion und Wirklichkeit kaum noch zulassen, beziehen sich meist auf sein Verhalten und seine Erlebnisse während dieser kleinen Reisen. Sie erzählen von seiner Demut, die sich offenbar sehr wohl mit einem ausgeprägten Selbstbewußtsein vertrug, von seiner Anspruchslosigkeit in bezug auf materielle Güter, von seiner Härte gegen sich selbst und der Sanftmut und Freundlichkeit gegen andere Menschen und Geschöpfe, besonders gegen Tiere. Sie erzählen auch vom Leben der ,,Brüder" in ihren kleinen Gemeinschaften, von der Konsequenz und Menschlichkeit, die Franziskus im Befolgen und Durchsetzen der Ordensregel walten ließ. Duldsam war er anscheinend gegen alles – mit Ausnahme von Verstößen gegen das Gebot der Armut, des einfachen Lebens. Wahrscheinlich ist es diese Haltung, die ihm und seiner Bewegung eine so rasche und manchmal bedenkliche Popularität verlieh. Da zog einer umher, der das Gebot der christlichen Nächstenliebe und überhaupt die Gebote der Moral ernstnahm, das Pathos des einfachen Lebens demonstrierte und dabei eine unbekümmerte Fröhlichkeit an den Tag legte. In der Tat: wenn es jemandem gelungen ist zu zeigen, daß der Tugendhafte keineswegs eine ,,karthäuserartige Gemütsstimmung bei sich führe(n)" müsse (Kant), so ist dies wohl Franziskus gewesen.

Aber das Reiseprogramm beschränkte sich nicht auf Italien: auch die ,,heidnischen" Länder wollte er missionieren, insbesondere die islamischen Gebiete. Eine geplante Reise nach Syrien endete mit einem Schiffbruch, eine Reise nach Marokko mußte er aus gesundheitlichen Gründen in Spanien abbrechen; einige Jahre später, 1219, schloß sich Franziskus einem Kreuzfahrer-Heer an und erreichte schließlich eine Begegnung mit dem ägyptischen Sultan Melek-el-Kamel, der ihm anscheinend mit erstaunlichem Wohlwollen zuhörte, ohne indes sonderlich beeindruckt zu sein.

Die nächsten Jahre war Franziskus vor allem damit beschäftigt, den expandierenden Orden auf seine ursprünglichen Ideale zu verpflichten und in Orientierung an diesen Idealen eine neue Regel zu konzipieren, die 1223 von Papst Honorius III. bestätigt wurde und noch heute gültig ist. Anschließend zog er sich zur Meditation auf den Berg Alverna zurück, nachdem er zunächst Petrus Cathanii und nach dessen Tod Elias von Cortona zu seinen Stellvertretern und praktischen Leitern des Ordens ernannt hatte. Auf dem Alverna erlitt er am 17. September 1224 die ersehnte Stigmatisation, zog noch einmal für kurze Zeit bei immer schlechter werdender Gesundheit predigend durch Umbrien und verfaßte in San Damiano bei Assisi seinen „Sonnengesang". Am 3. Oktober starb Franziskus neben der „Portiuncula", der Stätte seiner Erleuchtung. Nur wenige Jahre später, am 16. Juli 1228, wurde er heiliggesprochen.

Franziskus steht für eine Philosophie der Geschöpflichkeit. Aber er vertritt sie auf seine eigene, konkret-anschauliche Weise, ohne daran zu denken, sich theoretisch auf die Philosophie einzulassen. Es ist nicht viel, was er uns hinterlassen hat: der berühmte Sonnengesang, einige Preis- und Dankgebete, die verschiedenen Fassungen der Ordensregel, sein Testament und einige Briefe.

Inwiefern zeigt sich hier eine Betonung des Eigenwertes der Schöpfung? „Eigenwert" besagt, daß etwas einen Wert *in sich* besitzt, auch wenn die Beziehung zu dem Betrachter und zu dem hervorbringenden Prinzip nicht ausdrücklich mit ins Auge gefaßt wird. Werfen wir einen Blick auf den Sonnengesang, der hier vor allem in Frage kommt. Es handelt sich um die erste überlieferte Dichtung in italienischer Sprache. Franziskus hat sie zu einem Zeitpunkt verfaßt, als er bereits sehr krank war. Die Dichtung beginnt mit einem Preis Gottes, wendet sich dann der Sonne, dem Mond und den Gestirnen zu. Von der Sonne, die er „Bruder" nennt, sagt er: „Und er ist schön und strahlend in großem Glanz."

(Schriften 164, ital. 342) Dem Lob der Gestirne folgt das Lob der Elemente: des Bruders Wind, der Schwester Wasser, des Bruders Feuer sowie der Schwester Mutter Erde, ,,die uns ernähret und lenkt und mannigfaltige Frucht trägt und buntfarb'ne Blumen und Kräuter." (ebd. 165, ital. 344) Das Lob des Herrn durch die, die Krankheit und Trübsal leiden, und durch den Bruder Tod, dem kein lebender Mensch enteilen könne, beschließt die Dichtung. Allgemein wird angenommen, daß der Sonnengesang ursprünglich mit dem Lob der Elemente endete und von Franziskus erst später angesichts seines eigenen Todes ergänzt wurde.

Fragen wir, welchen Stellenwert die Schöpfung in dieser Dichtung besitzt. Es handelt sich um keine *Theorie* der Schöpfung, die Franziskus lediglich in Verse umgesetzt hätte. Es wird nicht ausdrücklich darüber reflektiert, ob die Schöpfung etwas Gutes in sich sei. Solche abstrakten Überlegungen wären dem Wesen der Dichtung fremd und liegen überhaupt Franziskus nicht. Wohl aber fällt die ganz unmittelbare, sinnliche Freude am Glanz der Sonne, am Strahlen der Sterne, am Sprudeln der Quelle, an bunten Blumen, Gräsern und Früchten auf. Hier schließt niemand von der Vollkommenheit des metaphysischen Ursprungs auf die Qualität des Hervorgebrachten – ein solches Verhältnis zur Schöpfung wäre vermittelt –: Ausgangspunkt ist vielmehr die unmittelbar ins Auge fallende Schönheit der Schöpfung, die damit ihre eigene Dignität besitzt. Eben diese Schönheit ist es, die Franziskus zum Lobe Gottes veranlaßt: er preist ihn, weil er etwas so Schönes geschaffen hat. Der Eigenwert der Schöpfung liegt also zunächst in ihrer unmittelbaren, buchstäblich ins Auge fallenden Schönheit. Hermann Hesse hat in seiner kleinen Schrift über Franz von Assisi gesagt: ,,wenn die Menschen ihn (= Franziskus) vergäßen, müßten Steine und Quellen, Blumen und Vögel von ihm reden. Denn als ein echter Dichter nahm er den Bann von diesen Dingen, ..., und tat sie in ihrer ursprünglichen Schönheit vor unseren Augen auf." (H. Hesse, 1904, 39) Im Sonnengesang wird diese Einstellung deutlich. Philosophisch gewendet besagt sie: die Schöpfung besitzt eine ästhetische Qualität, und diese Qualität bewegt durch unsere Sinne unmittelbar unser Gemüt.

In philosophiegeschichtlichen Darstellungen ist häufig darauf hingewiesen worden, daß die franziskanischen Theologen und Philosophen des 13. Jahrhunderts mehr der platonischen als der aristotelischen Philosophie folgen. Dieser generellen Einschätzung gegenüber ist Skepsis angebracht. Sicher gibt es bei ihnen wichtige Lehrinhalte, die mehr auf Platon als auf Aristoteles hinweisen. Aber zumindest in einem Punkt ist dies nicht so: der abstrakte Widerschein der von Franziskus so wirkungsvoll demonstrierten Sinnesfreude findet sich bei fast allen franziskanischen Spekulationen über das Verhältnis Welt-Gott, nicht zuletzt bei Bonaventura, den man im übrigen noch am ehesten der platonischen Richtung zuordnen kann. Eben diese Verwiesenheit auf die Sinne entspricht aber eher der Erkenntnislehre des Aristoteles als der des Platon. Auf jeden Fall ist bei Franziskus selbst diese unmittelbare Freude an der sinnlich wahrnehmbaren Welt deutlich spürbar – nicht nur in dem, was er selbst uns hinterlassen hat, sondern auch in den Berichten über ihn. So stellt Thomas von Celano erstaunt fest: „Wie erheiterte doch seinen Geist die Blumenpracht, wenn er ihre reizende Gestalt sah und ihren lieblichen Duft einsog! Sofort lenkte er sein betrachtendes Auge auf die Schönheit jener Blume." (1 Celano 154; lat. 60) An anderer Stelle heißt es allgemeiner: „Obwohl er die Welt als den Verbannungsort unserer Pilgerschaft zu verlassen eilte, hatte er doch, dieser glückliche Wanderer, seine Freude an den Dingen, die in der Welt sind, und nicht einmal wenig." (2 Celano 389; lat. 225) Nicht nur den Vögeln, sondern auch den Pflanzen soll er gepredigt haben. Henry Thode stellt mit Recht fest, daß mit Franz von Assisi „der mundus sensibilis ... neben dem spekulierenden Menschen und Gott eine selbständige Stellung und volle Beachtung zu beanspruchen" (1926, 56) beginne, und Chesterton weist gar darauf hin, daß „die gesamte Philosophie des heiligen Franziskus sich um die Idee eines neuen übernatürlichen Lichtes dreht, welches die natürlichen Dinge erhellt und welches die endgültige Wiedererlangung, nicht die endgültige Zurückweisung der natürlichen Dinge bedeutet." (1959, 51)

Kehren wir noch einen Augenblick zum Sonnengesang zurück,

damit noch deutlicher wird, welcher Art die Aufwertung des mundus sensibilis ist, die Franziskus vornimmt. Sie besteht, wie gesagt, nicht in theoretischen Reflexionen über den Wert der Schöpfung, sondern in dem Ausdruck der unmittelbaren Freude an der Schönheit der Dinge. In dieser Unmittelbarkeit steckt auch, daß der Betrachter sich nicht außerhalb dieser Schöpfung stellt, sondern sich als Teil derselben empfindet. Wenn wir uns fragen, warum Franziskus die Gestirne, die Elemente, die Tiere, Pflanzen und sogar den Tod als Geschwister bezeichnet, so finden wir hier die Antwort. Er will dadurch die unmittelbare Verbundenheit mit der Schöpfung zum Ausdruck bringen, die Empfindung, daß der Mensch Teil eines großen Ganzen ist und so prinzipiell auf derselben Stufe steht wie die anderen geschaffenen Dinge. Die Verwendung der Bezeichnungen ,,Bruder" und ,,Schwester" ist insofern ein neuer Ausdruck für die Freude an der sinnlich wahrnehmbaren Qualität der Dinge, mit denen Franziskus sich eins fühlt. Sie ist vielleicht noch mehr, aber sie ist *auch* das.

Bereits 400 Jahre vor Descartes wurde damit die von diesem dargelegte Lehre von der Spaltung des Seins in ausgedehntes und denkendes Sein zurückgewiesen. Descartes bestimmt in der 6. Meditation das Wesen des Menschen folgendermaßen: ,,Daraus, daß ich weiß, ich existiere und daß ich inzwischen bemerke, daß durchaus nichts anderes zu meiner Natur oder Wesenheit gehöre, als allein, daß ich ein denkendes Ding bin, schließe ich mit Recht, daß meine Wesenheit *allein* darin besteht, daß ich ein denkendes Ding bin." (1965, 67) Durch diese Denkbestimmung unterscheidet sich der Mensch von der materiellen Welt, sogar von seinem eigenen Körper, der gleichsam als etwas Fremdes erscheint; für Descartes ist folglich ,,soviel gewiß, daß ich von meinem Körper wahrhaft verschieden bin und ohne ihn existieren kann." (ebd.) Die materielle Natur, die auf die Bestimmung der Ausdehnung reduziert wird, erscheint dem denkenden Subjekt gegenüber somit als bloßes Objekt; sie ist als ausgedehnte Sache einerseits etwas Fremdes gegenüber der denkenden Sache, auf der anderen Seite aber für diese nur unter dem Aspekt der rationalen Erfaßbarkeit und Kalkulierbarkeit von Interesse. Ihrer Eigenwertigkeit beraubt, ist sie ganz dem Zugriff der ratio unterworfen. Der Mensch wird so zum ,,Herrn und Besitzer" der Natur.

Diese Subjekt-Objekt-Spaltung ist dem Denken und vor allem dem Empfinden des Franz von Assisi völlig fremd. Sein Verhältnis zur Natur ist kein Subjekt-Objekt-Verhältnis, sondern ein Subjekt-Subjekt-Verhältnis, welches den nicht-menschlichen Lebewesen und selbst den nicht-belebten Dingen substantielle und qualitative Eigenwertigkeit zugesteht und den Menschen in seiner materiellen Verfaßtheit als *ein* Geschöpf unter vielen versteht. Dies alles wird durch die Bezeichnungen ,,Bruder" und ,,Schwester" zum Ausdruck gebracht. Wir haben es hier mit ganzheitlichem Denken in einer sehr konkreten Form zu tun: Franziskus *begegnet* den Geschöpfen als Bruder und bringt so eine unmittelbare Solidarität des Geschöpflichen zum Ausdruck. ,,Ganzheitlich" meint hier zunächst die Verbundenheit von Mensch und Mitgeschöpf, die Negation einer substantiellen Trennung in Subjekt auf der einen und Objekt auf der anderen Seite.

Dieses enge, unmittelbare Verhältnis zu den Geschöpfen zeigt sich besonders bei den vielen Geschichten zum Thema: Franziskus und die Tiere. Von A. Schweitzer stammt die Formel ,,Ehrfurcht vor dem Leben". Vieles von dem, was er mit dieser Formel sagen will, findet sich bereits bei Franz von Assisi – nicht in theoretischer Reflexion, sondern fast ausschließlich in Berichten über konkrete Ereignisse. Eine Parallele besteht darin, daß Albert Schweitzer seine Formel nicht nur auf menschliches und tierisches, sondern ausdrücklich auch auf pflanzliches Leben bezieht, was zuweilen übersehen wird. Wollte man die Formel ,,Ehrfurcht vor dem Leben" auf Franziskus transponieren, so müßte man sie zunächst erweitern zur ,,Ehrfurcht vor der Schöpfung". Es zeigte sich, daß er auch die unbelebten Elemente ,,Bruder" und ,,Schwester" nennt. Der Verfasser des speculum perfectionis, einer zeitgenössischen Sammlung von Berichten über das Leben des Heiligen, berichtet erstaunt, daß er selbst über Felsen mit großer Vorsicht und Ehrfurcht geschritten sei. Bäume seien auf seine Bitte hin nicht ganz gefällt worden, damit die unversehrten Teile neu hätten sprießen können. Im Klostergarten sei auf sein Geheiß hin stets eine Stelle für wild wachsende Blumen freigelassen worden. Die vielen Berichte über Franz von Assisi stimmen darin überein, daß bei ihm die Liebe zu den Tieren eingebettet ist in die Liebe zur Schöpfung überhaupt, also gleichsam kosmische Dimensionen erhält. Das erwähnte speculum perfectionis behauptet sogar, daß er ,,unter allen Geschöpfen, die der Vernunft entbehren", die Sonne und das Feuer am meisten geliebt habe (Spiegel der Vollkommenheit, 231; lat. 334), was mit dem Sonnengesang, in welchem Tiere überhaupt nicht vorkommen, ganz gut übereinstimmen würde. Das ganzheitliche Denken des Franziskus erstreckt sich auch insofern auf die Mitgeschöpfe und nicht zuletzt auf die Tiere, als diese gleichfalls als Teile eines großen Ganzen, eben der Schöpfung, betrachtet werden.

Sucht man in seinen eigenen opuscula nach Belegen für die Tierliebe des Franziskus, so gerät man in Schwierigkeiten. L. Junge stellt in ihrer interessanten Arbeit über ,,Die Tierlegenden des Hl. Franz von Assisi" fest, es gebe ,,kein einziges von Franziskus eigener Hand stammendes Zeugnis für seine Tierliebe" (1932, 82). Daran ändern grundsätzlich auch Stellen wie die im Titel dieses Kapitels verwendete nichts, in denen von einer Unterordnung des Menschen unter andere Geschöpfe die Rede ist. Diese Stelle entstammt einem Preis der Tugenden und fordert – in der recht freien Übersetzung Wolfram von den Steinens – den Einzelnen zur ,,heiligen Zucht" auf, die ihn allen Menschen und Tieren, selbst dem ,,Gewürm", untertan mache.

Von solchen, nicht sehr aussagekräftigen, Stellen einmal abgesehen, sind wir auf Berichte von Lebensgefährten und andere Überlieferungen angewiesen. Sie gibt es in so reichlicher Fülle, daß ein ernsthafter Zweifel an der Tierliebe des Franz von Assisi nicht möglich ist. Wer kennt nicht jenes Fresko aus der Oberkirche von Assisi: ,,Der heilige Franziskus predigt den Vögeln"? Ob es nun von Giotto selbst stammt oder nicht, spielt in unserem Zusammenhang keine Rolle. Jedenfalls hat es wesentlich zu dem Franziskus-Bild, so wie es uns durch die Jahrhunderte überliefert wurde, beigetragen. Franziskus, bereits mit dem Heiligenschein versehen, steht in offenbar mahnender Haltung vor verschiedenen Vögeln, die sich unter einem Baum versammelt haben und alle aufmerksam zu ihm hinblicken. Hinter Franziskus ist ein Mitbruder zu sehen, der ebenfalls die Hand hebt, vielleicht mitgerissen von der Bewegung des Franziskus, sicher auch erstaunt, möglicherweise auch ein wenig abwehrend. Man wüßte gar zu gern, was Franziskus den Vögeln damals zu sagen hatte. Nach Thomas von Celano sagte er u. a. folgendes: ,,Meine Brüder Vögel! Gar sehr müßte ihr euren Schöpfer loben und ihn stets lieben; er hat euch Gefieder zum Gewand, Fittiche zum Fluge und was immer ihr nötig habt, gegeben. Vornehm machte euch Gott unter seinen Geschöpfen und in der reinen Luft bereitete er euch eure Wohnung. Denn weder säet ihr noch erntet ihr und doch schützt und leitet er euch, ohne daß ihr euch um etwas zu kümmern braucht.“ (1 Celano 132; lat. 45) Die Vögel, so berichtet er weiter, hätten der Predigt eifrig zugehört und anschließend gejubelt. Sodann habe Franziskus sie gesegnet und ihnen anschließend die Erlaubnis erteilt wegzufliegen. Er habe daraufhin beschlossen, solche Predigten künftig öfters zu halten. ,,Und so geschah es, daß er von jenem Tage an alle Lebewesen, alle Vögel und kriechenden Tiere, sowie auch alle unbeseelten Geschöpfe eifrig ermahnte, ihren Schöpfer zu loben und zu lieben.“ (ebd.)

Auf christliche und heidnische Vorbilder dieser Szene hat L. Junge in ihrer erwähnten Arbeit hingewiesen. So lauschen in der Gudrunsage zunächst alle Vögel und später auch andere Tiere dem Gesang Horants, der allerdings nicht eigens für sie sang. Charakteristisch für Franziskus ist aber die Einbettung in die Schöpfung überhaupt. Franziskus predigt zu den Vögeln als Geschöpfen Gottes, der diesen eine besonders bevorzugte Lebensweise verlieh und deshalb auch besonderes Lob verdient.

Noch etwas anderes fällt auf, wenn man diesen Bericht und ähnliche Berichte mit anderen Heiligenlegenden, aber auch mit späteren Berichten über den hl. Franziskus vergleicht. In den sog. Fioretti, einem Legendenkranz, der etwa 100 Jahre später geflochten wurde, wird ebenfalls die Vogelpredigt des Franziskus überliefert; der Bericht ist ganz ähnlich, nur bei der Schilderung der Wirkung auf die Vögel findet sich ein bezeichnender Zusatz: ,,Nach den Richtungen des Kreuzes, das Sankt Franziskus über ihnen geschlagen hatte, teilten sie sich in vier Scharen: die eine nahm ihren Flug gen Sonnenaufgang, die zweite gen Untergang, die dritte gen Mittag, die vierte gen Mitternacht: und jede Schar flog dahin und sang wundervolle Lieder" (Kap. 16, S. 112). Von diesem Vogelflug weiß der Zeitgenosse und zeitweilige Begleiter des Franziskus, Thomas von Celano, nichts. Der Unterschied liegt offenbar darin, daß in der Schilderung der Fioretti die schließliche Reaktion der Vögel ans Wunderbare grenzt oder diese Grenze bereits überschritten hat. In den Berichten derjenigen, die mit Franziskus direkten Kontakt hatten, ist im Zusammenhang mit Tiererlebnissen von solchen Wundern kaum die Rede. Ob es sich um den Hasen handelt, dem er Zuflucht gewährt, um den Fisch, der ihm geschenkt wird und den er wieder ins Wasser setzt; ob die Rede ist von den Bienen, die sein zurückgelassenes Gefäß benutzen, von dem Fasan, der ihm geschenkt wurde, aber nicht von ihm verzehrt wurde, oder von den Grillen, die sich auf seine Hand setzen und fröhlich singen (2 Celano 389ff.; lat. 225ff.): es handelt sich fast immer um Geschichten, die ohne große Wunderereignisse auskommen. Es wird meistens nur geschildert, wie Franziskus mühelos das Zutrauen der Tiere erringt, wie anhänglich diese ihm gegenüber sind. Die Berichte erweitern wohl unsere eigene natürliche Erfahrung, ohne deren Rahmen jedoch grundsätzlich zu sprengen. Es ist, als wollten sie anschaulich dartun, daß Franziskus die Natur, wie sie in sich selbst ist, wunderbar fand, ohne fortwährend Wunder wirken zu müssen.

Die Tiergeschichten sind somit ein besonders eindrucksvoller Beleg für das unmittelbar-zwanglose Verhältnis des Franziskus zur Natur, ein weiterer Beleg dafür, daß die Natur in allen und besonders den lebendigen Geschöpfen für ihn einen Wert darstellt, zu welchem er einen unmittelbaren, Sinne und Gemüt bewegenden Zugang hat. Es stimmt insofern mit dem Geist der Tierlegenden nicht überein, wenn L. Junge in ihrer erwähnten Arbeit, in der sie selbst die Natürlichkeit der Berichte als eigenartig hervorhebt, zum Schluß behauptet, daß die Tierwelt für den Poverello erst dann Bedeutung gewinne, wenn er sie „auf ein Geistig-Religiöses umdeuten" könne (124). Franz habe die Tiere nicht um ihrer selbst willen geliebt, sondern nur deshalb, weil sich auch in ihnen ,,die Allmacht des Schöpfers" (ebd.) ausdrücke. Richtig ist, daß der Bezug auf das Geschaffensein und damit auch der Bezug auf den Schöpfer bei Franziskus stets mitgegeben ist und daß in den Berichten die Tierereignisse fast immer auch religiös interpretiert werden. Was jedoch die Legenden darüber hinaus oder besser: als Grundlage dieser Interpretationen verdeutlichen, ist die unmittelbare und sehr konkrete Freude des Franziskus am Umgang mit lebenden Geschöpfen, ist genau die Haltung, die Hegel viel später und in anderem Zusammenhang nicht sehr respektvoll als ,,Zärtlichkeit für die weltlichen Dinge" bezeichnen wird. Ohne die Annahme dieser grundlegenden Haltung werden die Tierberichte weitgehend sinnlos.

Dies zeigt sich noch an einem anderen charakteristischen Zug vieler Franziskus-Tierlegenden – bei der Vogelpredigtgeschichte allerdings nur indirekt. Es wurde darauf hingewiesen, daß Franziskus alle Geschöpfe ,,Bruder" oder ,,Schwester" nennt, um damit das Gefühl des Eins-Seins mit ihnen auszudrücken. Diese allgemeine Haltung konkretisiert sich bei seinem Umgang mit Tieren zur tätig-helfenden Zuwendung, welche unverkennbar von unmittelbarem Mitempfinden geprägt ist. ,,Er trug herzliches Erbarmen nicht nur mit notleidenden Menschen, sondern auch mit den stummen, vernunftlosen Tieren, mit dem, was da kreucht und fleucht, und allen anderen beseelten und unbeseelten Geschöpfen", sagt Celano (1 Celano 150; lat. 57). Würmer soll er vom Weg aufgesammelt haben, damit sie nicht zertreten würden. Zahlreiche Geschichten schildern Situationen, in denen Tiere Zuflucht bei Franziskus suchen und auch finden. In anderen Legenden wird überliefert, wie Franziskus Tiere aus einer unangenehmen und für sie bedrohlichen Lage befreit habe. Diese Geschichten besitzen einen eigenartigen Reiz dadurch, daß Franziskus anschließend offenbar oft nicht wußte, was er mit den befreiten Tieren anfangen sollte. So wird z. B. erzählt, Franziskus habe einem Kaufmann gegen Überlassung seines Mantels zwei Lämmer, die zum Markt geführt werden sollten, abgekauft und sie ihm anschließend zurückgeschenkt gegen das Versprechen, für sie zu sorgen und sie nicht zu verkaufen. In einer anderen Geschichte wird erzählt, wie Franziskus ebenfalls ein Lamm freigekauft habe und es anschließend mit sich zu der Stadt Osimo führte, wo er dem Bischof einen Besuch abstattete. Dieser war verständlicherweise recht erstaunt. Schließlich brachte er es in einem nahegelegenen Clarissenkloster unter.

Daß diese Einstellung über die konkrete Begegnung mit Tieren hinaus verallgemeinerungsfähig war, zeigt eine Mitteilung aus dem speculum perfectionis. Dort wird überliefert, Franziskus habe zuweilen bedauert, daß es ihm nicht möglich sei, mit dem Kaiser zu sprechen. Er wolle ihn dann nämlich bitten, ein Gesetz zu erlassen, welches die Lerchenjagd verbiete. Außerdem sollten die Bürgermeister und Burgherren verpflichtet werden, am Weihnachtstag für die Ausstreuung von Getreide zu sorgen, damit die Vögel an diesem hohen Feiertag keine Not leiden mußten. Sicher wird in sämtlichen Geschichten eine religiöse Ausdeutung mitüberliefert. Trotzdem ergeben sie keinen rechten Sinn, wenn man gerade in bezug auf die Tiere bei Franziskus nicht ein ganz unmittelbares Mitempfinden unterstellt.

In dem Verhältnis des Franziskus zu den Tieren wird auf besonders anschauliche Weise deutlich, was sein ganzheitliches Verhältnis zur Schöpfung allgemein kennzeichnet: ein Zugang zur Welt, welcher stets konkret bleibt und über die Sinne unmittelbar das Empfinden berührt; eine Einstellung der endlichen Wirklichkeit gegenüber, die diese in ihrem Eigenwert wahrnimmt, eine Haltung gegenüber anderen Geschöpfen, die diese nicht als fremdes, widerständiges Gegenüber zu überwinden hat, sondern als etwas deutet, an dem man selbst teilhat.

Dies führt zu der bereits am Anfang erwähnten Frage zurück: Ist Franziskus mit seiner Manifestierung unmittelbaren Naturempfindens nicht im Grunde bereits der Renaissance zugehörig? Die meisten Interpreten weisen – mit unterschiedlicher Intensität – auf diese Verbindung hin. Selbst J. Burckhardt, der ansonsten mit den Bettelorden nicht viel im Sinn hat, sagt: „Für Italiener jedenfalls ist die Natur längst entsündigt und von jeder dämonischen Einwirkung befreit. San Francesco von Assisi preist in seinem Sonnenhymnus den Herrn ganz harmlos um der Schöpfung der Himmelslichter und der vier Elemente willen." (1981, 325) Und es ist sicher kein Zufall, daß Giotto, mit dem viele Historiker in der Malerei die italienische Renaissance beginnen lassen, sich mit dem Leben des Franziskus beschäftigt hat – wenngleich es eine gewisse Ironie der Geschichte darstellt, daß er, einer der bestbezahlten Künstler seiner Zeit, sich ausgerechnet den kleinen Armen aus Assisi vornahm.

Die Frage hat viele Aspekte, wie auch die Renaissance eine sehr vielschichtige Epoche darstellt. Wer aber bei dem Hinweis auf entsprechende Verbindungen allzu unbekümmert auf den Ausdruck lebendigen Naturempfindens setzt, der übersieht die Ambivalenz, auf die oben verwiesen wurde. Die Unmittelbarkeit des Naturempfindens, welches, wie H. Thode zu Recht bemerkt, eine beträchtliche Aufwertung des mundus sensibilis bedeutet, ist nur *ein* Aspekt. Der andere besteht darin, daß die Geschöpfe gerade *in* ihrem Eigenwert auf das hervorbringende Prinzip, also den Schöpfer, verweisen. Das steckt bereits in dem Ausdruck „Geschöpflichkeit". In dem Selbstsein der endlichen Dinge, so sehr dieses auch Anlaß zur Bewunderung und unmittelbaren Freude sein mag, liegt eben auch ihre eigene Begrenztheit, die sie über sich hinausweist. Identität im Bereich endlichen Seins begründet immer zugleich auch Transzendenz, Sein immer auch Nichtsein.

Auf jeden Fall entspricht diese Doppelung der Aspekte der Metaphysik des 13. Jahrhunderts. Bei Franziskus selbst zeigt sie sich wie schon gesagt nicht auf metaphysisch-abstrakte, sondern auf konkret-anschauliche, zuweilen auch drastische Weise. Im Sonnengesang ist nicht nur von der brennenden Sonne, der Kraft der Elemente und der Schönheit der Blumen die Rede, sondern auch von Krankheit und Trübsal, sogar vom Tod: „Lob sei dir, Du Herre mein, durch unseren Bruder, den leiblichen Tod; ihm kann kein Mensch lebend entrinnen." (Schriften 165; ital. 344) Der Tod gehört zum Leben dazu, so wie das Nichtsein immer zum endlichen Sein dazugehört, dessen Schatten es gleichsam darstellt – aber nicht im Sinne eines metaphysischen Nihilismus, sondern im Sinne einer Transzendenz, eines Über-sich-Hinausweisens auf das schöpferische, seinsverleihende Prinzip.

So widerspricht es nicht der unmittelbaren Freude am Da- und Sosein der Geschöpfe, wenn die Überlieferungen der Tiererlebnisse des Franziskus fast immer auch eine religiöse Begründung oder Deutung enthalten. Er sucht durchaus die symbolische Ausdeutung, bezieht die Geschöpfe immerzu auf etwas Größeres, was über sie selbst hinausweist, aber er sucht es *in* ihnen selbst. Wenn er den Wurm vom Wege aufliest, dann doch primär deshalb, weil er in diesem das Mitgeschöpf erkennt, und nicht, weil er im Leidenspsalm gelesen hat: „Ich aber bin ein Wurm, kein Mensch" – so als verhielte er sich diesen Tieren gegenüber anders, wenn er das nicht dort gelesen hätte. Weil alles endliche Sein göttlichen Ursprungs ist, sind die Spuren Gottes, die vestigia Dei, von denen nur wenig später Bonaventura sprechen wird, *in* jedem endlichen Wesen zu finden – in einigen freilich deutlicher als in anderen. In dieser allgemeinen – philosophisch müßte man sagen: in dieser transzendentalen – Bezogenheit auf den göttlichen Ursprung, die auch den Menschen betrifft und eine anthropozentrische Sichtweise von vornherein ausschließt, ist vielleicht auch der letzte Grund dafür zu suchen, daß Franziskus alle Geschöpfe – ob lebend oder nicht-lebend – als „Bruder" oder „Schwester" bezeichnet. Ursprung dieser allumfassenden Solidarität ist nicht nur das Sein, sondern auch der Tod.

Wir haben hier ganzheitliches Denken in einer eigentümlichen, genuin christlichen Gestalt vor uns. Von den hier besprochenen Autoren kommt ihm vielleicht Jakob Böhme am nächsten. Es ist ein ganzheitliches Denken, welches die Verbundenheit der Geschöpfe *in* ihrer Geschöpflichkeit, d.h. in ihrer Endlichkeit und damit Bezogenheit auf den unendlichen Ursprung sieht. Die Welt als ganze ist Schöpfung: sie leuchtet aus sich selbst heraus, verweist aber gerade durch ihre Herrlichkeit auf ihren Ursprung. Diese beiden Aspekte lassen sich nicht voneinander trennen: dasselbe Ding, das durch seine innere Identität in seiner ganzen Schönheit Sinne und Geist berührt, weist durch seine Eigentümlichkeit, Einmaligkeit und *Un*verwechselbarkeit gleichzeitig auf seine Grenzen, sein Nichtsein; es weist also gleichzeitig über sich hinaus auf andere, ebenso begrenzte Dinge, auf die Welt als ganze, deren Grenze so sichtbar wird, und letztlich auf seinen unendlichen Ursprung, der dieses Ineinander von Vollkommenheit und Defizienz auffängt. Ganzheitlich ist also das Verhältnis des Franziskus zur Natur nicht nur deswegen, weil er im jeweiligen konkreten Ding Bruder bzw. Schwester erkennt, also etwas, zu dem er wesentlich gehört, sondern auch und tiefer noch deshalb, weil er die Natur selbst unter dem Aspekt ihrer Geschöpflichkeit als ganze, zusammengehörige zu erfassen vermag. Die „tangentiale Energie“, wird Teilhard de Chardin später sagen, macht „das Element mit allen Elementen solidarisch“, „die im Universum derselben Ordnung angehören“ (MiK 54, PH 62). Im Sinne Franz von Assisis könnte man diese Aussage abwandeln und sagen: aufgrund ihrer Geschöpflichkeit gehören alle Elemente im Universum derselben Ordnung an und sind miteinander solidarisch. Wenn im Lebensdrama des Poverello eine Metaphysik liegt, dann ist es eine Metaphysik des Ursprungs, eine Metaphysik, die Mensch und Natur in ihrem gemeinsamen und doch je individuellen Bezug auf die göttliche Herkunft zusammenschaut. *In* diesem gemeinsamen Bezug wird der Mensch zum Bruder, nicht aber zum Beherrscher des Mitgeschöpfs.

Die Ambivalenz von geschöpflichem Eigenwert und transzendentalem Bezug, von der hier die Rede ist, zeigt sich schließlich auch im Leben des Franziskus selbst. Die Freude an den Dingen der sichtbaren Welt, von der seine Gefährten zu berichten wissen, ist nur die eine Hälfte seiner Existenz. Die andere besteht in der extremen, erschreckenden Askese, die er sich selbst auferlegt hat, und die, soweit wir wissen, wesentlich zu seinem frühen Tod beigetragen hat. Auch seine opuscula sind voll von Warnungen vor dem Eintauchen in die Geschäfte der Weltlichkeit und verlangen immer wieder die Abtötung der eigenen Begierden – freilich nicht als Selbstzweck, wie verschiedene Berichte eindeutig zeigen, sondern aus der Sorge heraus, man könne über der allzu intensiven Beschäftigung mit den Dingen dieser Welt deren und vor allem auch den eigenen transzendentalen Bezug, den Bezug zum Schöpfer, vergessen. Er tadelt somit im Grunde nicht die Freude an der Welt, sondern das Sich-Verlieren an die Welt, die Haltung, die in ihrer

Geschäftigkeit übersieht, daß die Dinge gerade in ihrem Eigenwert über sich hinausweisen. Daß damit die bestürzende Härte, die er persönlich gegenüber seinem eigenen Körper walten ließ – dem „Bruder Esel“, wie er ihn nannte –, nicht völlig erklärt ist, sei zugegeben. Man könnte sagen: wer sich solche Mühe gab, der Welt nicht zu verfallen, der muß sie sehr geliebt haben.

Franz von Assisi und die Philosophie der Geschöpflichkeit – fassen wir zusammen: Franziskus selbst war kein Philosoph. Wohl aber hat er ein sehr intensives Verhältnis zur Schöpfung. Dieses Verhältnis ist zunächst ästhetisch bestimmt: die Schöpfung spricht durch die Sinne den Geist an und löst auf diese Weise Wohlgefallen aus. Dieser Ansatz führt zu einer Aufwertung des mundus sensibilis und zu einer Respektierung des Eigenwerts der Dinge, was sich besonders an seinem Verhältnis zu lebenden Wesen, vor allem Tieren, zeigt. Der Bezug zur endlichen Welt ist kein Subjekt-Objekt-Bezug, sondern ein Subjekt-Subjekt-Bezug, in dem das Ding und besonders jedes Lebewesen als Partner erscheint. Dies alles ist vor dem Hintergrund einer Beziehung zu sehen, die Mensch und Natur gemeinsam über sich hinausweist auf das seinsverleihende göttliche Prinzip.

Eine Philosophie der Geschöpflichkeit, die sich an Franz von Assisi orientiert, müßte diese Strukturmerkmale enthalten. Da er selbst sie nicht konzipiert hat, soll ein Blick über ihn hinaus auf die weitere Entwicklung im 13. Jahrhundert dieses Kapitel abschließen.

Fast unmittelbar nach Gründung des Franziskanerordens wurden Ordensschulen und an den Universitäten Bologna, Paris und Oxford franziskanische Lehrstühle eingerichtet, aus denen einige der bedeutendsten Gelehrten des 13. Jahrhunderts hervorgingen. Man mag hierfür ordens- und kirchenpolitische Gründe anführen – erklären können sie dieses Faktum angesichts der offenkundigen Abneigung des Ordensstifters gegen alle Gelehrsamkeit nicht vollständig. Man muß darüber hinaus annehmen, daß in dem Wirken des Franziskus selbst Ansätze für ein Welt- und Gottesverständnis lagen, die der spekulativen Entfaltung bedurften.

An dieser Stelle soll nicht die Kontroverse zwischen F. van

Steenberghen und E. Gilson (van Steenberghen, 1977, 189ff.; E. Gilson, 1960, 83ff.) weitergeführt werden, ob es richtig sei, von einer „franziskanischen Philosophie“ zu sprechen. Auf jeden Fall kann man Lehrinhalte nennen, die franziskanische Scholastiker des 13. Jahrhunderts miteinander verbinden und durchaus etwas mit den skizzierten Strukturen der Philosophie der Geschöpflichkeit zu tun haben. So ist etwa bei Bonaventura, Roger Bacon und Duns Scotus durchgängig eine Vorrangstellung des Willens vor dem Verstand festzustellen. Sie entspricht einem Zugang zur Wirklichkeit, der bereits bei Franziskus mehr emotionaler als rationaler Natur ist. Ferner ist bei den drei erwähnten Denkern ein Gespür für die Substanzialität, die Eigenständigkeit und damit Eigenwertigkeit der geschaffenen Dinge unverkennbar, freilich in jeweils unterschiedlicher Entfaltung und Akzentuierung. Inwiefern dies grundsätzlich dem Anliegen des Franziskus entspricht, braucht nicht mehr erläutert zu werden. Wohl aber ist das Mißverständnis abzuwehren, als handele es sich bei den diesbezüglichen Lehrinhalten *nur* um eine Folge des Wirkens des Poverello. Die Einsicht, daß der mundus sensibilis seine eigene Dignität besitzt, läßt sich zweifellos in vielfacher Weise auf Franz von Assisi zurückführen, sofern man darüber den grundlegenden transzendentalen Bezug nicht aus dem Auge verliert.

Sucht man jedoch nach einer Einflußlinie, die weniger persönlich und spirituell ist, sondern mehr innerhalb der Entwicklung der Wissenschaften selbst verläuft, so findet man eine Quelle ganz anderer Art: es ist das Vordringen der Schriften des Aristoteles, welches im 13. Jahrhundert eine zunächst zwar unterdrückte, aber umso mächtigere Wirkung entfaltet. Aristoteles hatte ja gerade in der Auseinandersetzung mit Platon zu begründen versucht, daß die Ideen, die eigentliche Wirklichkeit also, nicht außerhalb der irdischen Dinge zu finden seien, sondern in diesen selbst. Er hat ihnen dadurch Substanzialität, Eigenständigkeit zugestanden und so bereits in der griechischen Philosophie für eine Aufwertung des mundus sensibilis gesorgt.

Nun ist nicht zu bezweifeln, daß die Vermittlung der erst seit Mitte des 12. Jahrhunderts in Europa bekannt werdenden entsprechenden Schriften des Aristoteles mit der christlichen Theologie in erster Linie nicht die Leistung von franziskanischen, sondern von dominikanischen Kirchenlehrern war: zu nennen sind Albertus Magnus und natürlich Thomas von Aquin. Darüber darf man jedoch nicht vergessen, daß „die ersten Franziskaner Aristoteles und die Philosophie mit mehr Begeisterung und mit weniger Vorbehalten als die ersten Dominikaner, wenigstens in Paris, aufgenommen haben." (van Steenberghen, 1977, 164) Dies hat verschiedene, sicher auch zufällige Gründe. Warum aber sollte nicht einer darin bestehen, daß die Franziskaner wichtige Bestandteile der aristotelischen Lehre als nichts Fremdes empfanden? Man wird dies annehmen dürfen, auch wenn bedeutende Interpreten wie Gemelli (1936, 64) anders argumentiert haben. Ein besonderes Interesse an der Natur, an der endlichen, sichtbaren Welt ist bei Bonaventura, bei Roger Bacon und bei Duns Scotus zu konstatieren – und dies verträgt sich sowohl mit den Idealen des Franz von Assisi als auch mit den Bestrebungen der aristotelischen Philosophie recht gut.

Die Akzente sind freilich verschieden. Bei *Bonaventura,* der vor seiner Wahl zum Generalminister des Ordens im Jahre 1257 in Paris gelehrt hat, treten die ästhetische Dimension und der Gedanke der Analogie der Schöpfung stark in den Vordergrund. Er hält, wie Gemelli bemerkt, „fest am gegenständlichen Wert des Schönen, aber erkennt und unterstreicht auch die persönliche Seite, den Gemütswert des Schönen." (1936, 65) In seiner Schrift „Itinerarium mentis in Deum" unterteilt er die Reise zu Gott in drei Stufen: die erste besteht in der Betrachtung der Geschöpfe, deren Seinsweise (modus), schöne Gestalt (species), Ordnung (ordo), Eigenständigkeit (substantia), Kraft (virtus) und Wirksamkeit (operatio) er besonders hervorhebt (cap. 1, S. 64). Die äußere Welt, die er auch macrocosmos nennt, tritt durch die fünf Sinne in den minor mundus, die kleine Welt der Seele, ein. Dort löst sie nicht nur Erkenntnisprozesse, sondern in deren Begleitung auch oblectatio (Genuß oder Wohlgefallen) aus. Daß bei dieser Einschätzung der geschaffenen Welt auch der Ordensgründer eine Rolle spielt, ist gewiß und wird übrigens von Bonaventura in der Vorrede auch selbst hervorgehoben. Die zweite Stufe besteht in der Einkehr in die Seele, die dritte in der Betrachtung Gottes, der über uns ist. Was die philosophische Gesamteinschätzung angeht, so ist van Steenberghen zuzustimmen, der in bezug auf Bonaventura von einem „neuplatonisierenden Aristotelismus" (237) spricht.

Bei *Roger Bacon,* gestorben um 1292 (nicht zu verwechseln mit dem eingangs erwähnten Francis Bacon, gestorben 1626), der zunächst in Oxford studierte, dann nach Paris ging, wo er Bonaventura traf, bevor er nach Oxford zurückkehrte, zeigt sich der besondere Stellenwert des endlichen Seins in einem bis ins Extrem gesteigerten Interesse an den Naturwissenschaften. Die eher als Lebensregel gemeinte Mahnung des Franziskus, wir wüßten so viel, wie wir ins Werk setzten, wendet er auf die Wissenschaft selbst an, indem er den Begriff des naturwissenschaftlichen Experiments in seiner Theorie der scientia experimentalis in den Vordergrund stellt. Experiment – das heißt: etwas anschaulich ins Werk setzen, um es zu wissen. Die Beschäftigung mit den Naturwissenschaften, auch mit der Alchimie, erreicht schließlich ein Ausmaß, welches ihn in beträchtliche Schwierigkeiten mit der kirchlichen Obrigkeit, sogar mit seinem eigenen Orden, bringt. Sein Vertrauen in die Möglichkeiten der Naturwissenschaften ist fast grenzenlos. Und so finden wir neben phantastischen Spekulationen mitten im 13. Jahrhundert auch die erstaunlichen Prognosen, eines Tages werde es selbstfahrende Wagen und Schiffe – über und unter Wasser – sowie Flugmaschinen geben (Opera/ed. Brewer 1, 535 f.). Man sollte Bacon's Begeisterung für die Möglichkeiten der Naturwissenschaften im Sinne einer Aufwertung des mundus sensibilis deuten. Daß er von den Problemen nichts wußte, die diese Art der Begeisterung eines Tages mit sich bringen würde, darf man ihm wohl kaum ankreiden. Trotz dieser gesteigerten Bedeutung der Naturwissenschaften läßt Roger Bacon im übrigen keinen Zweifel daran, daß die Naturwissenschaften letztlich der Theologie dienen müssen, die an der Spitze der Wissenschaft steht.

Duns Scotus, der ebenfalls in Oxford und Paris lehrte und 1308 in Köln starb, also bereits ins 14. Jahrhundert hineinreicht, macht die Würde des geschaffenen Seins auf wiederum andere Weise deutlich. Er hat den eigenartigen Begriff der haecceitas, der Dieshaftigkeit, geprägt, um den Wert und die Würde des Einzelnen hervorzuheben. Nicht die Materie ist das Prinzip der Individualität, wie die Tradition lehrt, auch nicht irgendeine Verbindung von Form und Materie, sondern eine eigene entitas, eine Seiendheit, die er auch letzte Wesenswirklichkeit nennt. Diese positive Einzigartigkeit verleiht den Dingen ihren inneren Wert. Es ist sicher nicht übertrieben zu sagen, daß Scotus die Individualität, die Franz von Assisi in seiner eigenen Persönlichkeit und in der konkreten Begegnung mit den Geschöpfen realisierte und respektierte, in Philosophie umgesetzt hat. Bei Duns Scotus zeigt sich auch besonders deutlich, daß dies nicht zu einer Vernachlässigung des anderen Aspekts der Geschöpflichkeit, des Bezugs zum Schöpfer, führen muß. Hat er doch wie kaum ein zweiter den Gedanken der Kontingenz der Dinge, ihres möglichen Nichtseins, ihrer Nichtselbstverständlichkeit, hervorgehoben und entwickelt. Die beiden Aspekte verweisen nur auf verschiedene, sich ergänzende Seiten ein und derselben Realität: gerade vor dem Hintergrund ihrer Nichtselbstverständlichkeit gewinnt das einzelne Geschöpf seinen eigenen, unverwechselbaren Wert.

Der Gedanke der Kontingenz der Dinge, der bei Scotus eine besondere Rolle spielt, im übrigen aber zum allgemeinen Lehrbestand mittelalterlicher Philosophie gehört, vermag schließlich auch die Beschreibung der Stellung der nichtmenschlichen Geschöpfe, insbesondere der Tiere, im Vergleich zum Menschen ins rechte Licht zu rücken. Obwohl das Tier im Mittelalter im allgemeinen eine hohe ethische Einschätzung genießt, gibt es keine entwickelte Tierethik, also eine Ethik, die sich speziell auf das Verhalten gegenüber Tieren bezieht. Dies stellt aus heutiger Perspektive gewiß einen Mangel dar, vor allem, wenn man bedenkt, daß der große Tierfreund Franz von Assisi ja keineswegs eine Randfigur war, sondern rasch zur zentralen Gestalt des Ordensgründers und Heiligen avancierte. Hier zeigt sich eben der Vorzug der Praxis gegenüber der bloßen Theorie. Man kann trefflich über die Aufwertung des mundus sensibilis reflektieren, ohne der Natur konkret zu begegnen. Wer sich aber doch zur Praxis entschließt, der begegnet der Natur in erster Linie in ihren lebendigen Geschöpfen. Eben dies war das Erlebnis des Franz von Assisi. Er dachte und agierte ohne Zweifel weit über das Problembewußtsein seiner Zeit hinaus.

Jedoch wird der erwähnte Mangel vielleicht verständlich, wenn man bedenkt, daß die Probleme, denen wir uns heute gegenübersehen (Massentierhaltung, Tierversuche, Bedrohung ganzer Arten), dem Mittelalter unbekannt waren. Die Verhaltensnormen, die sich auf das Tier beziehen, sind eingebettet in die Normen, die sich auf die Welt überhaupt beziehen. Dies bedeutet im wesentlichen, daß das Tier wie jedes Ding gemäß seinem ontologischen Status zu behandeln ist. Die oberste Norm wäre also die der Sachgerechtigkeit. Bezieht man dies auf das Tier, so ist zu berücksichtigen, daß dessen ontologischer Rang für die meisten Denker des 13. Jahrhunderts durch die aristotelische Lehre von der Entelechie bestimmt ist: diese besagt, daß nicht nur der Mensch eine Seele, also ein inneres Steuerungs- und Lenkungsprinzip, besitzt, sondern auch Tiere und Pflanzen. Die Tierseele, die eine Sinnenseele ist, entsteht, wie Bonaventura sagt, aus der aktiven Kraft der Materie, die von einem äußeren agens bewegt wird, „bis sie eine Seele wird, so wie eine Knospe sich zur Rose entfaltet." (II Sent. 15, 1, concl., t. II, 374) Unter Berücksichtigung der vielfältigen Tätigkeitsformen, die aus der Tierseele hervorgehen, sagt Bonaventura sogar, die Tierseele sei sehr geistig (valde spiritualis, vgl. ebd. 2, fund. 1–4, 377).

Trotz dieses hohen ontologischen Ranges steht es aber für Bonaventura wie für andere mittelalterliche Denker fest, daß der Mensch das höchste Wesen der sichtbaren Schöpfung ist, daß aus diesem Grunde die anderen Geschöpfe auf ihn hingeordnet sind: „Weil der Mensch nämlich über Vernunft verfügt, hat er einen freien Willen und ist dazu bestimmt, den Fischen Befehle zu erteilen ... Deshalb sind alle unvernünftigen Geschöpfe auf ihn hingeordnet." (II Sent., 15, 2, concl., t. II, 383) Es ist möglich, daß sich Bonaventura deshalb ausgerechnet auf Fische bezieht, weil in verschiedenen Berichten erzählt wird, wie mildtätig Franziskus gegenüber Fischen gewesen sei, die ihm dann aber auch gehorcht hätten. Bonaventura will offenbar sagen, es sei recht so, weil die Tiere auf den Menschen hingeordnet seien. Ist damit aber nicht letztlich doch eine anthropozentrische Haltung bezeichnet, die den Menschen nicht nur als

Herrn über die Natur einsetzt, sondern auch als deren Ausbeuter? Wenn alles auf den Menschen hingeordnet ist – ist dieser dann nicht das letzte Maß, welches den Nutzwert jeder einzelnen Sache und natürlich auch der Lebewesen festsetzt? Wer diese Konsequenz zieht, hat die Denkweise Bonaventuras und anderer Denker, die ähnliches sagen, völlig verkannt. Er übersieht die radikale Kontingenz aller geschaffenen Wesen, zu denen auch der Mensch gehört. Zum Menschen wie zu allen anderen Geschöpfen gehört die radikale Möglichkeit des Nichtseins, die die Schöpfung *insgesamt* auf *eine* Stufe stellt und als ganze auf ihren metaphysischen Ursprung bezieht, aber nicht auf einen Teil der Schöpfung selbst. Eine wie auch immer geartete Anthropozentrik ist von daher dem Denken des Mittelalters völlig fremd. Wenn es also heißt, die vernunftlosen Geschöpfe seien auf den Menschen hingeordnet, so ist damit nicht nur die Herrschaft des Menschen über die Geschöpfe begründet, sondern ebensosehr seine Verantwortung für die Geschöpfe. Die Instanz, vor der er sich verantworten muß, ist aber nicht er selbst. Sie ist überhaupt nicht endlicher, sondern unendlicher Natur. Bonaventura fügt deshalb auch hinzu, daß der Mensch nur der Mittler sei, durch den die vernunftlosen Geschöpfe zu ihrem letzten Ziel (finis ultimus) hingeführt würden (ebd.), womit Gott gemeint ist.

Franz von Assisi, so könnte man sagen, demonstriert den Gedanken einer radikalen Solidarität alles Geschaffenen. Die Philosophie, die sich an seinen Ideen orientiert, greift diesen Gedanken auf und versucht, ihn mit dem Konzept einer ontologischen Rangordnung der endlichen Seinsstufen zu vereinbaren. U. Krolzik beschreibt das Naturverständnis des lateinischen Mönchstums so: „Naturveränderung wird deshalb als Kooperation des Menschen mit Gott verstanden mit dem Ziel, die Natur voranzubringen." (1979, 188) Dieses Voranbringen, das doch eine ontologisch ausgezeichnete Stellung des Menschen voraussetzt, war sicher auch dem Denken und Wirken des Franziskus nicht fremd. Am schönsten hat es vielleicht Rilke ausgedrückt, der in seinem „Stundenbuch" das Verhältnis des Mannes aus Assisi zur natürlichen Wirklichkeit so beschreibt: „Denn ihn erkannten alle Dinge / und hatten Fruchtbarkeit aus ihm."

Jakob Böhme 1575–1624
(Ölmalerei auf Holz; 1. Hälfte 18. Jahrhundert; Stadt- und Kreismuseum Kamenz; Foto: Herzog August Bibliothek Wolfenbüttel)

II.

„Du bist eine kleine Welt aus der grossen" Jakob Böhme und die Sprache der Dinge

Jakob Böhme, der Schuster aus Görlitz, verstand sich selbst sehr wohl als Philosoph, aber nicht als einer von denen, die ihre Kathederweisheiten einem nach Gelehrsamkeit dürstenden Publikum vortragen. Hören wir ihn selbst: „Hätten unsere Philosophi und Doctores nicht immer auf der Fiedel der Hoffart gegeiget, sondern auf der Propheten und Apostel Geigen, es wollte wohl eine andere Erkenntnis und Philosophia in der Welt sein. Dazu ich wegen meiner Schwachheit und wenig Studierens dazu wegen meiner blöden Zungen fast zu wenig bin, aber in der Erkenntnis nicht zu einfältig. Allein ich kanns nicht nach der tiefen Sprache und Zierlichkeit geben, aber ich lasse mir an meiner Gabe genügen und bin ein Philosophus der Einfältigen." (Aurora 18, 80) Der Kommentator der Aurora, G. Wehr, meint wohl nicht ganz zu Unrecht, die Selbstprädikation „Philosophus der Einfältigen" habe seinen Anhänger und Propagandisten, den Arzt Balthasar Walther, dazu veranlaßt, Böhme den Titel „Philosophus teutonicus", Philosoph der Deutschen, zu verleihen (1977, 26).

Wenn Böhme also ein Philosoph war, dann einer von denen, die die Verachtung der Schulphilosophie zu einem wesentlichen Bestandteil ihres Denkens machen – und dies verbindet ihn mit Franz von Assisi, in gewisser Weise auch mit Teilhard de Chardin und – nicht methodisch, aber doch inhaltlich – sogar mit Albert Schweitzer.

Jakob Böhme wurde 1575 als viertes Kind wohlhabender Bauern in Alt-Seidenberg bei Görlitz geboren. Von schwächlicher Statur, kam ein Leben als Bauer für ihn nicht in Frage, so daß er eine Schuhmacherlehre absolvierte. Im Jahre 1599 ließ er sich in Görlitz nieder, wo er eine „Schuhbank" zum Verkauf seiner Produkte erwarb, sich mit der Metzgertochter Katharina Kuntzschmann verheiratete und ein Haus kaufte. Böhme führte ein ruhiges, zurückgezogenes Leben, war geschäftlich offenbar nicht erfolglos und genoß in der Schuhmacherinnung hohes Ansehen.

Was ihn veranlaßte, 1613 die Schuhbank zu verkaufen und stattdessen einen Garnhandel zu betreiben, darüber gibt es nur Vermutungen. E. H. Lemper meint, Böhme habe „sich von den zünftischen Bindungen unabhängig machen" (1976, 57) und „Freiheit als philosophischer Schriftsteller gewinnen" wollen (58). Auf jeden Fall hatte Böhme zum Zeitpunkt seiner beruflichen Veränderung seine Erstlingsschrift, die „Morgenröte", bereits fertiggestellt. Eine Abschrift davon fiel dem lutherischen Görlitzer Oberpfarrer Gregor Richter in die Hände, der fortan Böhme mit inquisitorischem Eifer, um nicht zu sagen Haß, verfolgte. Vor dem Bürgermeister der Stadt und einige Tage später auch vor dem Oberpfarrer gab Böhme das Versprechen ab, sich künftig jeder Schriftstellerei über religiöse Dinge zu enthalten – ein Versprechen, welches er fünf Jahre lang hielt.

Mit Beginn des Dreißigjährigen Krieges, der auch die Handelsmöglichkeiten beschränkte, gab Böhme dem Drängen seiner Freunde nach und begann wieder zu schreiben. In dieser Zeit entstanden die großen Werke der „Reifezeit" wie „Mysterium Magnum" und „De signatura rerum" – sofern man bei einem Feuergeist wie Böhme von Reife sprechen darf. Der nächste Konflikt war damit vorprogrammiert. Er entstand 1624, als Johann Sigismund Schweinichen, ein Anhänger und Förderer Böhmes, zwei Schriften Böhmes – „Von wahrer Buße" und „Von wahrer Gelassenheit" – in einer Görlitzer Druckerei drucken ließ. Es sind die beiden einzigen Schriften Böhmes, die zu dessen Lebzeiten publiziert wurden.

Obwohl die Schriften anonym erschienen, hatte Gregor Richter Böhme bald als Autor ermittelt. Er verfaßte eine Schmähschrift und veranlaßte, daß Böhme vor den Magistrat der Stadt Görlitz geladen wurde. Böhme folgte der Einladung ebenso wie dem ihm vom Magistrat erteilten Rat, die Stadt zeitweilig zu verlassen. Im Mai desselben Jahres wurde Böhme an den kurfürstlich sächsischen Hof nach Dresden geladen, wo er verschiedene Gespräche mit Hofbediensteten und Offizieren führte. Das von ihm erhoffte Gespräch mit dem Kurfürsten selbst kam allem Anschein nach jedoch nicht zustande. Böhme selbst berichtet in Briefen, seine Schriften würden am Hofe hoch geschätzt; eine gewisse Resignation ist jedoch nicht zu übersehen. Es hat den Anschein, als seien die mit der Prüfung beauftragten kurfürstlichen Räte angesichts der wunderlichen Gedankengänge des ,,Schusters" aus Görlitz ein wenig ratlos gewesen, als hätten sie ihn schließlich mit dem Etikett ,,sonderbar, aber harmlos" wieder nach Görlitz geschickt.

Dort starb am 13. August 1624 sein Widersacher, der Oberpfarrer Gregor Richter. Im Herbst desselben Jahres erkrankte Böhme auf einer Reise gleichfalls schwer und starb am 16. November, wahrscheinlich an Wassersucht und Kreislaufstörungen. Die Schilderungen der Umstände seines Begräbnisses rufen unwillkürlich die Assoziation des Schlußsatzes aus Goethes ,,Werther" hervor: ,,Kein Geistlicher hat ihn begleitet." Zunächst weigerte sich Nikolaus Thomas, der Nachfolger von Gregor Richter, die Leichenpredigt zu halten und den Verstorbenen kirchlich zu bestatten. Als der Magistrat (!) schließlich ein ordentliches kirchliches Begräbnis anordnete, meldete er sich krank, woraufhin dem Pfarrer Elias Dietrich, der Böhme einige Tage zuvor die Absolution erteilt hatte, die Bestattung samt Leichenpredigt aufgetragen wurde. Dieser vergaß in seiner Predigt denn auch nicht, darauf hinzuweisen, daß er das Begräbnis nur unter Zwang vornehme und im übrigen das Leben eines Sünders zu betrachten habe.

Das Leben eines Sünders – Böhme hätte es gewiß nicht bestritten; aber vielleicht hätte er auf die Schriftstelle hingewiesen, in der Jesus die Pharisäer angesichts der Ehebrecherin auffordert: ,,Wer von euch ohne Sünde ist, werfe den ersten Stein auf sie!" (Joh. 8, 7) Die jedem geläufige und doch nicht vertraute Einsicht, daß niemand ohne Sünde ist, hat für Böhme gleichsam kosmische Bedeutung. Dies ist überhaupt ein Aspekt, den man bei der Betrachtung des ganzheitlichen Denkens in seiner Spekulation nicht aus dem Auge verlieren darf. Wenn von ganzheitlichem Denken bei Böhme die Rede ist, so meint dies zum einen die kosmische Dimension seiner Spekulation überhaupt. Böhme denkt in kosmischen Kategorien – die Trennung von Mensch und Natur, von Geist und Leben ist ihm fremd. Was der Mensch tut, denkt, hat deshalb immer auch Bedeutung für nicht-menschliches Sein, so wie umgekehrt der Prägestempel des materiellen Seins auch das menschliche Leben bestimmt. Ganzheitliches Denken meint aber darüber hinaus, daß Böhme überhaupt die uns vertrauten Gegensätze nicht anerkennt, nicht so stehen läßt, wie sie sich dem oberflächlichen Blick darbieten.

Dies gilt, wie gesagt, für den scheinbaren Gegensatz zwischen Mensch und Natur, es gilt aber ebenso für den umfassenderen Gegensatz zwischen Gut und Böse. Böhme sieht den Menschen in einer kosmischen Dimension, er weiß vielleicht sogar schon von einer Art kosmischer Verantwortung des Menschen – aber er ist weit davon entfernt, die Natur, von der der Mensch ein Teil ist, zu idealisieren. Wenn der Mensch ein Sünder ist, so ist dies nur Ausdruck des allgemeinen Zustands materiellen Seins. Die irdische Welt, Ausdruck des „dritten Prinzips", ist durch den Fall Luzifers gezeichnet. Dieser Fall, der sich „vor" Erschaffung der irdischen Welt vollzogen hat, hat kosmische Bedeutung, denn Luzifer war ein „König" über den „Ort dieser Welt, die Tiefe der Erden und über der Erden bis an den Himmel" (Aurora 7,7.8) – wobei die Materialität dieser Welt freilich eine andere gewesen sein muß als die, die wir kennen.

Wir können uns hier nicht auf die Einzelheiten dieser Erzählungen einlassen. Zu beachten ist jedoch, daß ihre Ausdrucksform in gewisser Hinsicht selbst einen Aspekt ganzheitlichen Denkens bei Böhme zum Ausdruck bringt. Wer mit rationalistischen Augen die Erzählungen der Aurora oder auch des Mysterium Magnum über den „Fall" Luzifers liest, wird sich kopfschüttelnd abwenden und feststellen, daß wir über diese Dinge nichts wissen können – was sicher auch stimmt. Aber Böhme ist nicht *nur* Philosoph, nicht *nur* Theologe und nicht *nur* Mystiker, sondern auch – Dichter. Er ist dies alles in einem, was sich eben in der Art seines Sehens und besonders Schreibens ausdrückt. Was er gesehen hat, läßt sich ohnehin nicht beschreiben. Also kann man auch nicht sagen, daß *eine,* etwa die rationale, Manier besonders oder gar ausschließlich geeignet sei, die Wahrheit auszudrücken. Die Pluralität der Ausdrucksschichten ist so im Sinne einer Verschiedenheit der Aspekte des *einen* Bemühens um Wahrheit zu verstehen. Lassen wir also im Augenblick die Frage stehen, inwieweit die Ausführungen Böhmes über den Fall Luzifers wörtlich zu verstehen sind und welche genaue Vorstellung sie dann überhaupt ausdrücken sollen. Versuchen wir stattdessen herauszufinden, was mit diesen Schilderungen über den Zustand unserer Welt ausgesagt ist.

Die Leitfrage unserer Untersuchung ist die nach der Rolle der Ganzheit im Denken Böhmes; in dieses Denken ist auch die Frage nach Gut und Böse einbezogen. Die Welt, beeinträchtigt durch den Fall Luzifers, d. h. auf anfängliche, den Menschen überschreitende Weise, ist nicht nur gut und nicht nur böse: sie ist beides zugleich. Was soll das bedeuten?

Böhme spricht des öfteren auf verschiedenen Ebenen – auf göttlicher und irdischer Ebene – von den „sieben Quellgeistern", d. h. sieben prinzipiellen Eigenschaften des Seins, die sich wechselseitig durchdringen. Die sieben Quellgeister sind: das Herbe, das Süße, das Bittere, das Blitzartige, die Liebe, der Schall und die Natur als Zusammenfassung der übrigen sechs Quellgeister. Es ist nicht zu übersehen, daß bei Böhme in der Beschreibung des Verhältnisses der „Quellgeister" zueinander alchimistische Einflüsse wirksam sind. Von zeitübergreifender, metaphysischer Bedeutung ist aber die Annahme zweier grundsätzlich verschiedener Zustände, die das Verhalten der Kräfte zueinander kennzeichnen. Obwohl Böhme – im Unterschied zu manchen Naturschwärmern unserer Tage – die Natur keineswegs idealisiert, weiß er von einem solchen idealen Zustand, den er, wie üblich, in einer bilderreichen Sprache beschreibt – einer Sprache, die die Grenze zwischen Gedanke und Metapher verwischt. Die sieben Quellgeister harmonieren im Sinne eines wechselseitigen Durchdringens in diesem idealen Zustand, der nicht der irdische ist, miteinander. Sie beeinflussen sich, gehen auseinander hervor, sehnen sich nacheinander, ohne sich dadurch Schaden zuzufügen:

„Wenn das Licht aufgehet, so siehet ein Geist den andern. Und wenn das süße Quellwasser in dem Lichte durch alle Geister gehet, so schmecket einer den andern. Alsdann werden die Geister lebendig, und dringet die Kraft des Lebens durch alles. Und in derselben Kraft reucht (= riecht) einer den andern, und durch dieses Quellen und Durchdringen fühlet einer den andern, und ist nichts denn ein herzlich Lieben und freundlich Sehnen, Wohlriechen, Wohlschmecken und Liebefühlen, ein holdselig Küssen, voneinander Essen, Trinken und Liebe-Spazieren." (Aurora 9, 38)

Ist es abwegig, hier ähnliche Vorstellungen wie viel später und unter ganz anderen Voraussetzungen bei Teilhard de Chardin zu entdecken, der schreibt: „Mit der Liebe des Mannes zur Frau, zu seinen Kindern, zu seinen Freunden ... glauben wir oft die natürlichen Liebesformen erschöpft zu haben. In dieser Liste fehlt aber gerade die fundamentalste Form der Leidenschaft: die die Elemente des Alls, eins dem andern, in die Arme schleudert, unter dem Druck eines Universums, das sich zusammenschließt. Die gegenseitige Anziehung und folglich das kosmische Fühlen" (MiK 274; Ph 296)?

Böhme weiß also von einem idealen, harmonischen Zustand des Alls, welcher freilich nicht der der Erde ist, auf der wir leben. Wenn wir fragen, wo dieser Zustand tatsächlich herrsche, so entspricht die Antwort genau der Auskunft auf die Frage, warum unsere Welt ein Gemisch von Gut und Böse darstelle: Luzifer hat durch seinen Abfall und seinen Sturz das Reich, in dem er herrschte, partiell verdorben, „böse" gemacht. Also war „vor" diesem Sturz die Welt gut, d.h. sie stand in der eben dargestellten Harmonie.

Diese metaphysische Vergangenheit der materiellen Welt wäre von keinem besonderen Interesse, wenn sie nicht zugleich auch Zukunft wäre. Im Jüngsten Gericht, so Böhme, werde Gott „das Böse von dem Guten scheiden und das Gute wieder in die sanfte und liebliche Wonne setzen, wie es war von (= vor?) der greulichen Anzündung der Teufel." (Aurora 9, 46) Der Zustand vollkommener Harmonie, so ist uns verheißen, wird also am Ende der Tage wiederkehren. Schließlich besitzt dieser ideal-harmonische Zustand der Welt auch metaphysiche Gegenwart, freilich nicht in der uns zugänglichen Welt, sondern in der Welt der Engel, die von dem Fall Luzifers nicht betroffen sind. Dies ist nicht nur die Konzeption seines Erstlingswerks, der Aurora; Böhme hält vielmehr auch in den späteren Schriften daran fest. So schreibt er im ,,Dreifachen Leben": ,,Also ist noch ein Leben in dieser Welt und außer dieser Welt, in der Ewigkeit, welche der Geist dieser Welt nicht ergreiffet, das hat alle Eigenschaften dieser Welt an sich, ..., aber es brennet in anderer Qual als im Begehren. Es ist sanft und linde, ohne Wehe: es verzehret auch nichts, sondern sein Geist ist Liebe und Freude." (es = das Feuer, cap. 8, 1)

Bei solchen Überlegungen stellen sich sofort theologische Fragen, für uns ebenso wie für Böhmes Zeitgenossen; etwa die Frage, ob denn auch das ,,Jenseits" von materieller Beschaffenheit sei, ob am Ende Gott selbst stoffliche Eigenschaften besitze etc. – Fragen, die Böhme in beträchtliche Schwierigkeiten gestürzt haben. Diese Fragen sollen hier nur insoweit aufgegriffen werden, als Böhmes Ausführungen über diese ideale Welt von philosophischer Bedeutung für die irdische Welt, insbesondere für die Stellung des Menschen in dieser Welt, sind.

Zwei Aspekte sind dabei von besonderer Bedeutung. Der erste hat etwas mit dem Umstand zu tun, daß Böhme zur Charakterisierung der materiellen Welt, von der wir selbst ein Teil sind, die Termini ,,gut" und ,,böse" verwendet: ,,Als aber die Erde verfluchet ward, so trat der Fluch in alle Frucht, und war nun alles Böse und Gut." (9, 15) Die heute übliche Trennung zwischen ontisch mangelhaftem Sein und moralisch Bösem ist hier nicht angebracht; nicht als ob Böhme z. B. das natürliche Verhalten der Tiere oder gar Pflanzen mit moralischen Kategorien messen und diesen Wesen eine Verantwortlichkeit für ihr Tun zuschreiben möchte. So einfältig war der ,,Philosoph der Einfältigen" nicht. Aber er erkennt immerhin, daß die natürliche Welt, in der wir leben, sich dem wertenden Urteil nicht entzieht, konkret: daß sie nicht so gut ist, wie es ,,an sich" möglich wäre. Er erkennt, daß Störungen auftreten, von denen auch der Mensch befallen ist, ohne daß er an ihnen schuld wäre und grundsätzlich etwas daran ändern könnte. Aber eben um dies zu erkennen, benötigt er – gleichsam als Folie –

die Vorstellung von einer Welt, die ganz anders wäre. Böhme gehört so zu denjenigen, die das Wort des Apostels Paulus, die *ganze* Schöpfung harre auf Erlösung, ernst nehmen. Eine Schöpfung, die auf Erlösung wartet, weist Mängel auf, die wiederum nur im Kontrast zu einer Welt, in der diese Mängel nicht bestehen, überhaupt als solche erscheinen. So ist es nicht verwunderlich, daß Böhme etwa in der „Aurora" nach der Schilderung des harmonischen Ineinanderdringens der sieben Quellgeister, die zugleich die sieben Geister Gottes sind, die Verderbnis der irdischen Welt in genauer Entgegensetzung beschreibt: „Nun fragst du: Weil denn Gott überall ist und selbst alles ist, wie kommts dann, daß in dieser Welt solche Kälte und Hitze ist; dazu beißen und schlagen sich alle Kreaturen, und ist nichts denn eitel Grimmigkeit in dieser Welt." (9, 42) Die Antwort kennen wir bereits: es sei Luzifer, der sich erhoben und die Verderbnis herbeigeführt habe. Worin aber besteht die Verdorbenheit? „Nun sind die Quellgeister also grimmig in ihrer Anzündung geworden, daß einer den andern immer verderbet mit seinem bösen Quell. Also tun nun auch die Kreaturen, die aus den Quellgeistern gemacht sind und in derselben Trieb leben. Da beißet, stößet und neidet sich alles nach der Qualitäten Art." (9, 45)

Das „Neiden, Stoßen und Beißen" als Kennzeichen des irdischen, nicht nur menschlichen Seins, als Kennzeichen einer Welt, die nicht immer so gewesen sein muß und nicht immer so sein muß: dies ist die Wertung, die sich unmittelbar mit der Annahme einer himmlischen, idealen Welt verbindet. Dies ist auch der konkrete Inhalt der ontologischen Kategorie „böse". Sie wird als Bezeichnung für eine Welt verwendet, die keineswegs die beste aller möglichen ist, sondern „an sich" anders, d.h. besser, sein könnte.

Und damit kommen wir zu dem zweiten Aspekt. Wenn Böhme eine „ideale" Welt im Gegenzug zur irdischen beschreibt und diese dann an jener mißt, so scheint er sich in platonischen Denkmustern zu bewegen, obgleich er mit den Schriften Platons sicher nie in direkte Berührung gekommen ist. Allenfalls in den Schriften des Paracelsus, die ihn stark beeinflußt haben, mag er ihm flüchtig begegnet sein, wenngleich Paracelsus selbst an der Natur nichts Makelloses findet. Aber Böhmes himmlische Welt verliert bei genauem Hinsehen viel von ihrem scheinbar platonischen Charakter.

Um dies zu zeigen, kommen wir auf die bereits erwähnte Frage zurück, ob denn die himmlische „jenseitige" Welt ebenfalls von materieller Beschaffenheit sei. Wenn wir Böhme beim Wort nehmen, so müssen wir die Frage bejahen, freilich sofort hinzufügen, daß diese Stofflichkeit von ganz anderer Art sein muß als die uns bekannte. Böhme läßt sich mit Vorliebe über himmlische Früchte und Farben, über Bäume und Stauden aus und kommentiert dies in der „Aurora" wie folgt:

„Wenn ich nun schreibe von Bäumen, Stauden und Früchten, so mußt du es nicht irdisch, gleich dieser Welt verstehen; denn das ist nicht meine Meinung, daß im Himmel wachse ein toter, harter, hölzern(er) Baum oder Stein, der in irdischer Qualität bestehe; nein, sondern meine Meinung ist himmlisch oder geistlich, aber doch wahrhaftig und eigentlich also; ich nehme kein ander Ding als wie ichs im Buchstaben setze." (4, 12)

Das heißt anscheinend gleichzeitig bejahen und verneinen. Wären die Bäume, Stauden und Früchte der himmlischen Welt mit denen der irdischen gleichartig, so wären die beiden Welten strukturell überhaupt nicht zu unterscheiden. Da Böhme aber auf diesem Unterschied strikt besteht, kommt eine Wesensidentität nicht in Frage. Trotzdem möchte er „im Buchstaben" verstanden werden. Also gibt es im Himmel – unter dem essentiell nichts anderes zu verstehen ist als das paradiesische Reich, zu welchem auch die Erde am Ende der Zeiten transformiert werden wird – „wirkliche" Bäume, Stauden etc., nicht etwa nur platonische, unstoffliche Ideen. Wie diese Entitäten allerdings genau aussehen, können wir nicht sagen, solange wir sie nicht schauen. Wir können lediglich sagen, daß das, was in der irdischen Welt getrennt ist, in Zwietracht miteinander lebt, sich in der himmlischen Welt in vollkommener Harmonie findet: „Solange ... diese vier, als Feuer, Licht, Luft und Wasser, sich voneinander scheiden, so ist kein Ewiges da; wenn sie aber einander in der Temperatur gebären, und nicht voneinander fliehen, dann ist das Ewige vorhanden." (Gnadenwahl 6, 4) Dieses harmonische Ineinander der Elemente wird auch als ,,quinta essentia" bezeichnet, welches die anderen vereinigt und deren Leben darstellt. Dieses fünfte Element hat sich in der irdischen Welt gleichsam zur Unsichtbarkeit verinnerlicht und kann seine einigende Kraft nur höchst unvollkommen entfalten.

Das himmlische Reich, welches für die Erde Zukunft ist, ist demnach durchaus von stofflicher Beschaffenheit, keineswegs nur geistige oder gar allgemeine Form. Dies hat wiederum beträchtliche Konsequenzen für die Deutung dessen, was mit der irdischen Welt geschehen wird. Erwähnt wurde bereits der paulinische Gedanke, daß die ganze Schöpfung, nicht nur der Mensch, auf Erlösung wartet. Die ganze Schöpfung: das heißt nach dem jetzt Gesagten, die Schöpfung in ihrer gleichzeitig geistigen und materiellen Beschaffenheit. Mit Böhmes Naturauffassung ist die Vorstellung, es werde nur der Geist erlöst, nicht vereinbar, ebensowenig die Vorstellung, dieser Erlösungsprozeß erfasse nur den Menschen, der dabei die übrige materielle Welt gleichsam abstoße.

Dualismen wie Geist – Materie, Mensch – Natur sind dem ganzheitlichen Denken Böhmes fremd; nicht als ob er die beiden Seiten jeweils miteinander identifizieren würde, wohl aber sieht er das eine auf das andere wesensmäßig hingeordnet, so daß eine Trennung keinen Sinn ergibt. Folglich kann er von diesem Denkansatz her gar nicht anders, als der himmlischen, idealen Welt, die gleichzeitig die Heilung unserer irdischen Welt ausdrückt, selbst stoffliche Beschaffenheit zuzuerkennen, wobei noch einmal darauf hingewiesen sei, daß diese Stofflichkeit andersgeartet ist als im irdischen Bereich, vielleicht sogar so, daß sie mit unseren Augen gar nicht sichtbar ist. Aber sie ist wiederum nicht so andersartig, daß sie am Ende das Prädikat ,,stofflich" gar nicht mehr verdiente. Genau dies will Böhme zum Ausdruck bringen. In abstrakt-philosophischer Ausdrucksweise wäre der Sachverhalt etwa so zu beschreiben: die ontologische Unvollkommenheit irdisch-materiellen Seins ist essentiell auf Vervollkommnung hingeordnet, wobei die Kennzeichnung ,,essentiell" besagen soll, daß von Vervollkommnung nur dann die Rede sein kann, wenn die Wesensbestandteile (Geist, Körper) erhalten bleiben.

sprachlichem Feingefühl zeugende Durchgang durch die Philosophiegeschichte soll gerade zeigen, daß es sich hier um ein Mißverständnis handelt, welches erst in der Gegenwart zum Bewußtsein kommen kann.

Wenn nun aber eine umfassende Weltanschauung, die dem Kosmos einen Gesamtsinn zuordnet, obsolet geworden ist, so bedeutet das für Schweitzer nicht, daß die Ethik auf jegliche Begründung und Fundierung verzichten müßte. Dies würde wiederum dazu führen, daß sie kraftlos in sich selbst kreisen müßte und keinerlei Wirkung auszuüben vermöchte. Um der Ethik eine zureichende Begründung zu geben, hält Schweitzer die Zeit für gekommen, Lebens- und Weltanschauung gegeneinander abzugrenzen. Die Zeit umfassender Sinnperspektiven, von denen jede Weltanschauung lebt, ist nach Schweitzer vorbei. Der für die Ethik und die Kultur notwendige Optimismus kann künftig nur noch durch die Besinnung auf die Gegebenheit und die Struktur des Lebens selbst, also durch *Lebens*anschauung, gewonnen werden. Das Leben, das sich auf sich selbst besinnt, entdeckt vor allem, daß es selbst leben will. Es entdeckt sich selbst als optimistische, lebensbejahende Kraft. Der Wille zum Leben entdeckt sich so gleichsam als Wesen des Lebens: „Das Wesen des Willens zum Leben ist, daß er sich ausleben will. Er trägt den Drang in sich, sich in höchstmöglicher Vollkommenheit zu verwirklichen." (KE, 346)

Im Menschen kommt das Leben also zum Selbstbewußtsein. Es erkennt sich in den verschiedensten Variationen und Formen, erkennt auch, daß es keineswegs auf den Menschen beschränkt ist. Es handelt sich hier um einen universalen Willen, der, wie Schweitzer sagt, in uns mit sich selbst wahr wird (vgl. KE, 346). Der menschliche Wille zum Leben ist also kein bloßer Triebwille, der nur auf die Erhaltung und Steigerung der eigenen Existenz gerichtet ist. In ihm kommt vielmehr das Leben überhaupt zum Bewußtsein, mithin jedes Leben gemäß seiner besonderen Eigenart. Die Selbstvervollkommnung des menschlichen Lebens besteht nicht in egoistischer Trieb- und Wunscherfüllung, sondern vielmehr darin, „daß der Mensch in das wahre Verhältnis zum Sein, das in ihm und außer ihm ist, komme." (KE, 366) Mit diesem

Satz, der, isoliert genommen, auch von Heidegger stammen könnte, konstituiert Schweitzer eine Ethik der Selbstvervollkommnung, die zugleich Ethik der Hingebung ist, Hingebung an das Sein überhaupt, vor allem aber an das Sein, sofern es lebt. Der Satz, den Schweitzer somit analog zu dem cartesianischen „cogito ergo sum" an den Anfang der Philosophie stellt, lautet: „Ich bin Leben, das leben will, inmitten von Leben, das leben will." (KE, 377)

In der Auslegung dieses Prinzips lehnt Schweitzer ausdrücklich jede theoretische Werthierarchie zwischen den verschiedenen Lebensformen ab. „Wert" hält er für etwas Subjektives, auf den Menschen Bezogenes, für das Resultat einer anthroponzentrischen Denkweise, von der er sich gerade lösen will. Eine Ethik, die unter gewissen Umständen das Töten von Leben rechtfertigt, also als gut ansieht, ist für ihn eine relative, das heißt letztlich: gar keine Ethik: „Die Ethik der Ehrfurcht vor dem Leben erkennt keine relative Ethik an. Als gut läßt sie nur die Erhaltung und Förderung von Leben gelten. Alles Vernichten und Schädigen von Leben, unter welchen Umständen sie auch immer erfolgen mag, bezeichnet sie als böse." (KE, 387) Daß der Mensch, der mit diesem Bewußtsein leben und also auch töten muß, zwangsläufig schuldig wird, ist eine Konsequenz, die Schweitzer auf sich nimmt: „Sie (= die absolute Ethik) tut die Konflikte nicht für ihn ab, sondern zwingt ihn, sich in jedem Fall selber zu entscheiden, inwieweit er ethisch bleiben kann und inwieweit er sich der Notwendigkeit von Vernichtung und Schädigung von Leben unterwerfen und damit Schuld auf sich nehmen muß." (KE, 388)

Eine Werthierarchie, die zwischen wertvollem und weniger wertvollem Leben unterscheidet, würde nach Schweitzer für das Gewissen eine fast unwiderstehliche Versuchung bedeuten, sich bei der Tötung des letzteren zu beruhigen, sie sogar für gut zu halten, sofern sie der Erhaltung und Steigerung des wertvollen Lebens dient. Der Mensch kann zwar nicht umhin zu töten, aber er soll es nicht als Selbstverständlichkeit empfinden, er soll wenigstens ein schlechtes Gewissen dabei haben, und zwar, wie Schweitzer immer wieder hervorhebt, gegenüber *allem,* nicht nur menschlichem Leben. Das Verbot zu töten und das Gebot, Leben zu erhalten und zu fördern, erstreckt sich ohne jeden Rangunterschied auf menschliches, tierisches und pflanzliches Leben: „Er (= der ethische Mensch) reißt kein Blatt vom Baum ab, bricht keine Blume und hat acht, daß er kein Insekt zertritt. Wenn er im Sommer nachts bei der Lampe arbeitet, hält er lieber das Fenster geschlossen und atmet dumpfe Luft, als daß er Insekt um Insekt mit versengten Flügeln auf seinen Tisch fallen sieht." (KE, 379)

Soweit die Grundgedanken Schweitzers, insofern sie für seine Ethik von konstitutiver Bedeutung sind. Natürlich provoziert diese Ethik eine Reihe von Fragen, sie provoziert auch Widerspruch – vielleicht gerade aus der Perspektive eines ganzheitlich orientierten Denkens. Schweitzer provoziert den nüchternen Naturwissenschaftler, der hier ein mystisches Verhalten gegenüber der Natur am Werk sieht – obwohl Schweitzer als Praktiker gewiß von pietistischer Naturschwärmerei weit entfernt war. Er provoziert den Philosophen, der seine Neigung zum Aufdecken logischer Widersprüche kaum unterdrücken kann, aber auch den Theologen, der bei Schweitzer die Transzendenz vermißt und das Leben zu einer autonomen Größe emporstilisiert sieht. Schweitzer provoziert vor allem auch diejenigen, die erkannt haben, daß seine Ethik praktische Konsequenzen erfordert und den Menschen so an seiner schwächsten Stelle, seiner Neigung zur Bequemlichkeit, trifft.

Wohl kaum jemand, der sich mit Schweitzers Ethik beschäftigt und nicht schon von sich aus mit deren Prinzipien übereinstimmt, kann der Versuchung widerstehen, sich Situationen auszudenken, in welchen die Undurchführbarkeit dieser Ethik manifest wird. Bei H. Groos, von dem die bedeutendste, wenngleich nicht immer gerechteste Schweitzer-Kritik stammt, finden sich dafür zahlreiche Beispiele. So folgert er aus Schweitzers Forderung, *allem* Leben nach Möglichkeit beizustehen:

„Es würde hiernach also nicht genügen, daß ich die mich quälenden und von der Arbeit ablenkenden Mücken in meinem Zimmer dulde; ich hätte auch noch den vielen, die in der Dämmerung von draußen hereinstreben, das Fenster zu öffnen und Einlaß zu gewähren. Und wenn ich einen Spaziergang machen möchte, so müßte ich entweder darauf verzichten, um nicht auf meinem Weg irgendwelche kleine Lebewesen zu zertreten, oder, wenn ich mich schon entschließe, trotzdem zu gehen, umgekehrt darauf bedacht zu sein, bei dieser Gelegenheit helfend einzugreifen, wo immer es möglich ist, also z. B. Tümpel aufzusuchen, in die ein Insekt gefallen sein könnte, um es mit Hilfe eines hinzuhaltenden Blattes oder Halmes daraus zu erretten und andererseits austrocknende Pfützen mit frischem Wasser zu füllen, da ohne diese Hilfe unzähliges Getier binnen kurzem dem Verderben preisgegeben ist. Ohne eine Gießkanne dürfte ich demnach bei trockenem Wetter schon gar nicht mehr ausgehen." (H. Groos, 1974, 535)

Ist dies Konsequenzenmacherei, oder beschreibt Groos hier wirklich die praktische Anwendung der Ethik Albert Schweitzers?

Stellen wir die Frage noch ein wenig zurück und wenden uns einem anderen zentralen Problem zu, dem Verhältnis von Weltanschauung und Ethik. Die Haltung Schweitzers scheint hier gerade in der Auseinandersetzung mit der Geschichte der Ethik eindeutig zu sein. In der Moralphilosophie Alfred Fouillées und Jean Marie Guyaus entdeckt er durchaus verwandte Denkmotive, insofern auch deren Denken „um den Begriff der Ethik als der höheren Lebensbejahung" (KE, 314) kreist. Die Ethik Fouillées, der in deutschen Darstellungen der Geschichte der Philosophie zumeist nur spärlichen Raum beanspruchen kann, charakterisiert er folgendermaßen: „Überhaupt müssen wir uns ja darüber klarwerden, daß die Evolution, die das Sein in dem Verlaufe der Welt durchmacht, durch vorstellende Kräfte (idées-forces) bewirkt und im letzten Grunde also psychisch zu erklären ist. Ihren Höhepunkt erreicht sie in den klar bewußt wollenden Ideen des Menschen. ... Das auf die letzte Höhe des Wollens und Vorstellens gelangte Ich vergrößert sich in der Art, daß es auf andere Menschenexistenzen übergreift." (KE, 314/415) Dies könnte durchaus auch eine Beschreibung der Grundgedanken Teilhard de Chardins sein, der ja gleichfalls in der Tradition der französischen Lebensphilosophie steht; freilich darf die zitierte Position nicht zu der Annahme verleiten, daß menschliches Verhalten hier als naturgesetzlich determinierter Bestandteil der natürlichen Evolution gedeutet werde.

Schweitzer erkennt nun in der Beurteilung Fouillées und Guyaus durchaus an, daß hier eine gewisse Unabhängigkeit der Lebensanschauung von der (theoretischen) Weltanschauung sichtbar wird, aber diese Unabhängigkeit geht ihm nicht weit genug: „Ihr Vertrauen darauf, daß eine in richtiger Weise auf das Wesen des Seins eingehende Naturphilosophie zuletzt dennoch zu Ethik und ethischer Weltanschauung gelangt, ist nicht vollständig erschüttert." (KE, 319) Es geht Schweitzer also offensichtlich um die völlige Ablösung der Ethik von der Naturphilosophie. Die Naturphilosophie, so meint er, bringe es nicht mehr zur Ethik (KE, 328), schon deshalb nicht, weil sie nicht einmal mehr zu einer ganzheitlichen Weltanschauung finde, sondern letztlich in einem kraftlosen Pluralismus von Deutungen und Deutungsmöglichkeiten ende. Es sei heutzutage aussichtslos, „den Sinn des Lebens in dem Sinn der Welt zu begreifen" (KE, 335), da der Sinn der Welt angesichts der Möglichkeiten kosmischer Katastrophen nicht mehr bestimmbar sei. Bei Schweitzer wird also die weiter unten (S. 152) erwähnte Sinnfrage zunächst einmal negativ beantwortet: es gibt keinen Sinn in der Welt, in welchen wir eingehüllt wären – zumindest ist er für uns nicht erkennbar. Die Art und Weise, in der Schweitzer nun trotzdem diese Frage positiv zu beantworten versucht, ist oft kritisiert worden und zweifellos auch kritikwürdig – vielleicht ist sie aber für den Geist des 20. Jahrhunderts, insofern dieser nicht-positivistisch und gleichwohl fortschrittlich sein will, nicht untypisch.

Aus der Sinnlosigkeit des Weltgeschehens könnte man theoretisch und auch praktisch den Schluß ziehen, daß dann eben auch das Leben im allgemeinen und das menschliche Leben im besonderen sinnlos ist. Aber eben diesen Schluß zieht Schweitzer nicht. Wenn der Mensch einen Sinn seines Lebens sucht, dann wird diese Suche nicht durch theoretische Welterkenntnis befriedigt, sondern dadurch, daß im Menschen, und zwar im Einzelmenschen, der Wille zum Leben sich selbst reflektiert und die ihm eigene Welt- und Lebensbejahung entdeckt: „Seine Welt- und Lebensbejahung trägt ihren Sinn in sich selbst. Sie erfolgt aus innerer Notwendigkeit und genügt sich selbst." (KE, 347) Der Wille zum Leben, der auf sich selbst reflektiert, entdeckt gleichsam mit begrifflicher Notwendigkeit – Schweitzer spricht von Denknotwendigkeit –, daß er sich ausleben will. In dieser Selbstreflexion, wenn sie mit intellektueller Redlichkeit durchgeführt wird, ist aber auch die Erkenntnis der ins Grenzenlose erweiterten Verantwortung enthalten (vgl. KE, 379), die den Menschen auszeichnet und gleichzeitig belastet. Fragt man aber weiter, warum gerade im Menschen ,,der Wille zum Leben wissend von anderm Willen zum Leben geworden" (KE, 381) ist, warum gerade der Mensch, der ethisch denkt, die Nötigung erfährt, Leben zu fördern und vor Schädigung zu bewahren, so gibt es nach Schweitzer ,,auf diese Fragen . . . keine Antwort" (ebd.).

Charakteristisch für modernes Denken ist die Antwort nicht etwa aufgrund des inhaltlichen Prinzips, des Prinzips der Ehrfurcht vor dem Leben: dieses Prinzip, zumindest soweit es auch nichtmenschliches Leben positiv einbezieht, entspricht durchaus nicht dem modernen analytischen Denken, welches ,,Ganzheit um Ganzheit auflöst und so eine Seele nach der anderen entweichen läßt, bis wir uns schließlich vor einem Haufen zerlegter Mechanismen und zergehender Teile befinden." (Teilhard de Chardin, MiK 265, PH 286) Modern daran ist der Irrationalismus, auf welchen sich die Sinnfrage nach Schweitzer verwiesen sieht, ein Irrationalismus, zu dem er sich durchaus auch selbst bekennt. Es ist ein seltsames Phänomen, daß so unterschiedliche, ja gegensätzliche Richtungen wie Existenzphilosophie, Lebensphilosophie und Kritischer Rationalismus gemeinsam die Auffassung vertreten, Fragen nach dem Lebenssinn seien nicht durch wissenschaftlich-rationales Erkennen zu lösen. Schweitzer scheint diese Auffassung sogar noch radikaler zu vertreten als andere, insofern er im Willen zum Leben geradezu eine ,,Freiheit von dem Verstehen der Welt" (KE, 349) gegeben sieht. Modern mutet durchaus die Aufforderung an, ,,sich einzig durch das, was in ihm selbst (= dem Willen) gegeben ist, bestimmen zu lassen." (ebd.). Und so groß sein Mißtrauen in die sinnstiftende oder -entdeckende Kraft des Verstandes ist, so groß ist offensichtlich sein Vertrauen darauf, daß jeder, wenn er nur auf die richtige Weise in die Tiefen des eigenen Wollens hineinhorche, das Prinzip der Ehrfurcht vor dem Leben, vor *allem* Leben – nicht nur dem eigenen – dort entdecke.

Wie aber steht es mit dem ganzheitlichen Denken bei Schweitzer angesichts dieser offensichtlichen Antithetik von Erkennen und

Wollen? Schweitzer selbst bekennt sich anscheinend zu dem nicht vermittelbaren Nebeneinander von Pessimismus des Erkennens und Optimismus des Wollens, spricht von der ,,Dualität" (KE, 339), in die wir zwangsläufig hineingeraten, wenn wir ,,den Willen und das Erkennen in ein ehrliches Verhältnis zueinander kommen lassen" (ebd.). Kann man angesichts dieser Dualität noch von ganzheitlichem Denken sprechen? Die Frage ist in der Tat nicht leicht zu beantworten und läßt auch mehrere Antwortmöglichkeiten zu. Zuweilen scheint es so, als habe Schweitzer Argumente zu der in der neueren Erkenntnistheorie gängigen These beisteuern wollen, Aussagen über das Sollen seien nicht aus Aussagen über das Sein ableitbar. In der Version Karl Poppers nimmt diese These folgende Gestalt an: ,,Aus der Feststellung einer Tatsache läßt sich niemals ein Satz herleiten, der eine Norm, eine Entscheidung oder einen Vorschlag für ein bestimmtes Vorgehen ausspricht. Und das ist nur ein anderer Ausdruck dafür, daß es unmöglich ist, Normen oder Entscheidungen oder Vorschläge aus Tatsachen abzuleiten." (I, 1980, 100) Normen sind also aus Tatsachen nicht deduzierbar. Popper selbst spricht in diesem Zusammenhang von kritischem Dualismus, und die von ihm intendierte Zweiheit scheint von ähnlicher Art zu sein wie Schweitzers Dualität zwischen Erkennen und Wollen. Popper aber hält bekanntlich nicht viel von dem ,,Hervorheben der Einheit und Ganzheit" (ebd. 119), welches er als ,,Holismus" bezeichnet.

Nun würde die Zuordnung ausgerechnet Albert Schweitzers zum kritischen Dualismus oder Rationalismus Popperscher Prägung eine höchst merkwürdige Konstellation abgeben, und es ist jetzt schon gewiß, daß es dabei nicht bleiben kann. Gewisse Dualitäten lassen sich freilich bei Schweitzer nicht übersehen, sogar noch über diejenigen hinaus, von denen er selbst ausdrücklich spricht. Es handelt sich einmal um die bereits erwähnte Zweiheit von Erkennen und Wollen, die zur Konsequenz hat, daß seine Ethik nicht erkenntnistheoretisch oder ontologisch fundiert ist. Es handelt sich darüber hinaus um eine zu beobachtende und unvermeidliche Zweiheit von ethischem Prinzip und tatsächlichem Handeln. Diese Zweiheit ist nicht nur von der allgemeinen Art, wie sie dem Verhältnis zwischen ethischem Prinzip und individuellem Handeln immer eigentümlich ist. Eine Differenz zwischen ethischem Prinzip und den individuellen Handlungsmöglichkeiten besteht ja immer. Ähnliche Absurditäten wie die eben aus H. Groos, 1974, zitierten könnten auch aus der strikten und unermüdlichen Befolgung des Kantschen Kategorischen Imperativs entspringen. So wie derjenige, der nichts anderes mehr im Sinn hätte als Leben zu retten oder zu schonen, wo immer ihm dies möglich wäre, am Ende zu gar keiner sinnvollen Aktion mehr käme, so wäre wohl auch derjenige, der nach nichts anderem mehr suchte als nach Handlungen, deren Maximen zum allgemeinen Gesetz werden könnten, rasch handlungsunfähig. Wir haben es hier mit einer allgemeinen ethischen Differenz zu tun, die sich auch bei Schweitzer findet – bei ihm angesichts des Rigorismus seiner Ethik vielleicht noch deutlicher als anderswo.

Aber es gibt bei ihm noch eine andere Dualität zwischen Prinzip und Handlung, die anscheinend einen Mangel an Konsistenz bewirkt. Befolgt man Schweitzers Ethik bis in ihre letzten Möglichkeiten hinein, so führt dies zu Konsequenzen, die niemand ernsthaft wollen kann und die auch Schweitzer praktisch ablehnt. Es wurde bereits erwähnt, daß Schweitzer als Philosoph keinen Rangunterschied zwischen den verschiedenen Lebensformen anerkennt. Seine Begründung, daß angesichts der tatsächlichen Entwicklung der menschlichen Gesellschaft jedes theoretisch als minderwertig eingestufte Leben von vornherein chancenlos wäre, zeugt von einem ausgeprägten Wirklichkeitssinn. Auf der anderen Seite wird durch die angenommene Gleichwertigkeit des Lebens der Rigorismus seiner Ethik grotesk verschärft, so daß sie bei einer – theoretisch möglichen – extremen Anwendung anscheinend in sich zu zerfallen droht. Nehmen wir als Beispiel die plastische Schilderung Schweitzers von den Wanderameisen, die nah an seinem Haus in Lambarene vorbeiziehen und alles zu vernichten drohen. Nach einem von seiner Frau gegebenen Hornsignal kommen einige Helfer mit Wassereimern herbei, dann wird das Wasser mit Lysol gemischt, woraufhin man den Ameisen buchstäblich zu Leibe rückt (vgl. WuU 446f.). Schweitzer erläutert dies nicht weiter; das schlechte Gewissen, das diese Massentötung hätte begleiten müssen, scheint sich nicht gemeldet zu haben, wie bereits H. Groos und andere kritisch oder spöttisch bemerkt haben. Dieser Vorgang ist an sich nicht besonders bemerkenswert, zumal andere Schilderungen vergleichbarer Situationen größere Betroffenheit verraten. Warum sollte sich die erwähnte ethische Differenz nicht selbst bei einem Albert Schweitzer zeigen? Man kann auch nicht sagen, daß Schweitzers Handeln – das Töten der Ameisen – in diesem Fall der Ethik der Ehrfurcht vor dem Leben widerspreche: diese streitet ja nicht ab, daß auch der Mensch nicht leben kann, ohne zu töten; und die Nötigung zu töten wird auch aus ethischer Perspektive noch dadurch gesteigert, daß Schweitzers von Ehrfurcht gegenüber *menschlichem* Lebens geprägte ärztliche Tätigkeit im Urwald ohne solche Tötungsaktionen gar nicht möglich wäre. Will man also beckmesserisch in diesem Fall durchaus ein ethisches Defizit konstatieren, so liegt es allenfalls in dem Mangel an schlechtem Gewissen.

Etwas anderes erscheint aus der Perspektive theoretischer Ethik viel bedenklicher: da Schweitzer eine Rangordnung zwischen den verschiedenen Lebensformen grundsätzlich ablehnt, wäre es aus ethischer Perspektive im Grunde offenbar ebenso legitim gewesen, wenn Schweitzer die entgegengesetzte Konsequenz gezogen und tierisches Leben dem Menschen vorgezogen hätte. Will Schweitzer mit der theoretischen Ablehnung einer Rangordnung wirklich sagen, daß es in der von ihm dargestellten Situation ethisch ebensogut möglich gewesen wäre, sich selbst, seine Gefährten, seine Arbeit aufzugeben, nur um den Wanderameisen keinen Schaden zuzufügen? Wahrscheinlich hat er an eine derart absurde Möglichkeit gar nicht gedacht. Auf jeden Fall zögert er selbst nicht, im Entscheidungsfall menschliches Leben tierischem und pflanzlichem Leben vorzuziehen – und eben hierin besteht der erwähnte Dualismus zwischen ethischem Prinzip und konkretem Handeln. Das ethische Prinzip schreibt nicht vor, im konkreten Handeln menschlichem Leben den Vorrang gegenüber anderen Lebewesen einzuräumen – es ist in bezug auf konkrete Entscheidungen indifferent. Der Handelnde selbst ist aber nicht indifferent, er operiert auch nicht willkürlich, sondern nach verhältnismäßig festen Kriterien, so daß es ohne Zweifel auch aus der Perspektive Schweitzers als unsinnig erschiene, im konkreten Fall die Ameisen leben und die Menschen sterben zu lassen.

Kann man aber angesichts des doppelten Dualismus zwischen Erkennen und Wollen und zwischen ethischem Prinzip und konkretem Handeln noch von ganzheitlichem Denken sprechen? In der Tat führt kein Weg an der Erkenntnis vorbei, daß bei Schweitzer die Inhalte ganzheitlichen Denkens, soweit sie überhaupt vorhanden sind, eine eigentümliche Färbung erhalten, die ansonsten am ehesten wohl bei Franz von Assisi zu finden ist, eine Färbung, die sie dem Erkennen teilweise entzieht und eher dem Wollen und Handeln zuordnet. Indessen kann man nicht sagen, daß Schweitzer überhaupt nicht ganzheitlich denke. Gerade bei der Darstellung des Verhältnisses Mensch-Natur sind zumindest zwei der in der Einleitung erwähnten ganzheitlichen Momente deutlich erkennbar.

Daß der Mensch im Gegensatz zur cartesianischen Sichtweise sich nicht als Gegenüber, sondern als partnerschaftlicher *Teil* der Natur betrachten soll, ist für Schweitzer keine ernsthafte Frage. Dies wird aus seiner Ethik, aber auch aus seinen verschiedenen Betrachtungen über Goethe deutlich. In seiner ersten Goetherede im Jahre 1928 erklärt er, es gebe zwei Arten der Philosophie: „Die erste Philosophie vermag den Menschen mit dem Universum zusammenzubringen, indem sie Natur und Mensch vergewaltigt und den Menschen mit einer seinem Denken gebeugten Welt in Verbindung setzt. Die andere, die unscheinbare Naturphilosophie, läßt Welt und Natur, wie sie sind, und zwingt den Menschen, sich in sie hineinzufinden und sich in ihnen als ein geistig Triumphierender und auf sie Wirkender zu behaupten." (Goethe, 470) Die zweite, „andere" sei diejenige Goethes, und auch er, Schweitzer selbst, erkenne sie als die Philosophie an, die man für die heutige Zeit zur Welt- und Lebensbejahung durchzudenken habe (ebd., 471). Das Verhältnis des Menschen zur Natur ist für Schweitzer folglich kein gewalttätiges, welches den Menschen außerhalb der Natur stellt; es zwingt ihn vielmehr, *sich* in sie *hinein*zufinden, also als ihr Teil zu betrachten. Dasselbe wird ja auch durch das Prinzip der Ethik ausgedrückt, welches dem Einzelnen sagt, er sei Leben *inmitten* von Leben, welches leben will. Die anticartesianische Einstellung steht somit zumindest in diesem Punkt außer Frage.

Auch das zweite Moment ganzheitlichen Denkens ist bei Schweitzer zu finden, und zwar in besonders deutlicher Ausprägung. In der Einleitung wurde gesagt, daß in der ganzheitlichen Bestimmung des Verhältnisses Mensch-Natur die beiden Teile jeweils Strukturen des anderen Teils übernehmen, daß also der Mensch in seinem *Wesen* materielle Bestandteile enthalte und das scheinbar nur materielle Sein auch geistige Strukturen aufweise. Faßt man den Begriff ,,Geist" nicht zu eng, so findet sich letzteres ohne Zweifel auch bei Schweitzer. In seiner Ansprache zur Verleihung des Friedenspreises des deutschen Buchhandels erklärt er im Jahre 1951:

,,Das Schöpferische ist dadurch bestimmt, daß in der Natur der Geist von sich aus da ist, er gestaltet dieses Neue aus dem Alten in einer zielstrebigen, absolut vernunftgemäßen, zweckdienlichen Weise, ohne daß wir es verstehen. Der Geist aber, der in der Geschichte waltet, ist nicht in den Dingen vorhanden – ... –, sondern er muß durch uns geschaffen und durch uns in der Geschichte wirksam werden. Wenn er aber da ist, dann waltet er als geheimnisvoll-schöpferische Kraft in derselben Weise, wie er in der Natur als geheimnisvoll-schöpferische Kraft waltet." (Menschlichkeit und Friede, Sonderdr. 7/8)

Hier sagt er deutlicher als sonst, daß der Mensch sich nicht nur anders als die nicht-menschliche Natur (die ,,Welt") verhalten muß, sondern daß er mit den Dingen über die Andersheit hinaus durch den Geist verbunden ist. Ähnliches findet sich, freilich in anderer Terminologie, auch in seiner Kulturphilosophie. Schweitzer spricht dort durchgängig von dem universalen Willen zum Leben, den er überall am Werk findet, wo überhaupt etwas ist. Alles, was ist, ist für Schweitzer Wille zum Leben, und der ,,Fortschritt der Wissenschaft besteht nur darin, daß sie die Erscheinungen, in denen das vielgestaltige Leben abläuft, immer genauer beschreibt, uns Leben entdecken läßt, wo wir früher keines annahmen" (KE, 376) Wenige Seiten zuvor beschreibt er den universalen Willen zum Leben so: ,,Er trägt den Drang in sich, sich in höchstmöglicher Vollkommenheit zu verwirklichen. Im blühenden

Baum, in den Wunderformen der Qualle, im Grashalm, im Kristall: überall strebt er danach, Vollkommenheit, die in ihm angelegt ist, zu erreichen. In allem, was ist, ist durch Ideale bestimmte, vorstellende Kraft am Werke." (ebd., 346) Dies vorstellende, durch Ideale bestimmte allgemeine Seinsprinzip scheint nicht so weit entfernt zu sein von Teilhard de Chardins „universellem Lebenswillen" (MiK 23, PH 30), der ihm zufolge im Menschen zusammenströmt. Überhaupt scheint das Verhältnis beider nicht ganz falsch beschrieben zu sein, wenn man sagt, daß Teilhard de Chardin die Naturphilosophie entwickelt hat, die sich bei Albert Schweitzer immerhin als angedeutete Voraussetzung findet; daß andererseits Schweitzer die Ethik konzipiert hat, die in wichtigen Teilen auf der Linie der Naturphilosophie Teilhards liegt, ohne daß dieser freilich selbst die ethischen Konsequenzen Schweitzers gezogen hat.

Wie aber steht es mit dem weiteren Moment ganzheitlichen Denkens, demzufolge Natur und Mensch eine sich *entwickelnde* Ganzheit bilden, in welcher der Mensch eine verantwortliche Leitungsfunktion übernimmt? In dieser Frage macht sich die reduzierte Rolle des Erkennens deutlich bemerkbar. Natürlich liegt Schweitzer als einem aufgeklärten Denker des 20. Jahrhunderts der Gedanke der Evolution nicht fern, und wir sahen bereits, daß er auch die verantwortliche Stellung des Menschen voll anerkennt: „Ethik ist ins Grenzenlose erweiterte Verantwortung gegen alles, was lebt." (KE 379) Aber diese Gedanken ergeben bei Schweitzer insgesamt nicht das Bild eines zweckvollen Ganzen, in dessen Entwicklung der Mensch sinnvoll eingeordnet wird. „Die Aussichtslosigkeit des Unternehmens, den Sinn des Lebens in dem Sinn der Welt zu begreifen, ist zunächst damit gegeben, daß in dem Weltgeschehen keine Zweckmäßigkeit offenbar wird, in die das Wirken der Menschen und der Menschheit irgendwie eingreifen könnte." (KE 335) Aus dem Pessimismus des Erkennens ergibt sich die seltsame Konstellation, daß sich der Mensch auf der einen Seite zwar als Leben inmitten von Leben weiß, auf der anderen Seite aber „zur Freiheit von der Welt zu gelangen hat" (KE 346). Diese Freiheit besteht nicht in einem weltlosen Eremitendasein, sondern in der Überwindung des Egoismus, der Selbstentzweiung des Lebens, die in den nicht-menschlichen Lebensformen als das bestimmende Prinzip erkannt wird.

Man kann nicht einmal sagen, daß es nach Schweitzer kein sinnvolles sich entwickelndes kosmisches Ganzes gibt, in welchem der Mensch eine vernünftige Rolle spielt. Aber die Ethik kann ihm zufolge nicht darauf aufbauen, weil dieses Ganze nicht rational erkennbar ist. Unter diesem Aspekt kann Schweitzer von den ,,Strudeln des Irrationalen" (KE 357) sprechen, denen sich der Ethiker aussetze. Schweitzer entwirft oder akzeptiert somit kein theoretisches Bild eines sich entwickelnden sinnvollen Weltganzen. Das bedeutet jedoch nicht, daß es bei ihm keinerlei Berührungspunkte zu einem solchen Gedanken gebe. ,,In vertiefter Welt- und Lebensbejahung bekunde ich Ehrfurcht vor dem Leben. Mit Bewußtsein und Wollen gebe ich mich dem Sein hin. Den Idealen, die es (!) in mir denkt, werde ich dienstbar, werde vorstellende Kraft wie die, die rätselhaft in der Natur wirkt." (KE 347) Wieder drängt sich der Vergleich mit Teilhard auf, der 1920 schrieb: ,,Durch unsere Entdeckungen gedemütigt und gewachsen, entdecken wir allmählich, daß wir in ein unermeßlich Weiterführendes verwickelt sind; und, wie aus einem Traum erwacht, begreifen wir, daß unser Königtum darin besteht, als intelligente Atome dem im Universum begonnenen Werk zu dienen." (ZM 30, AH 29)

Was ist das für ein Sein, welches nach Schweitzer offenbar über den Menschen hinausreicht und *in* ihm denkt? Ist es nicht doch ein sich konstituierendes entwickelndes Ganzes, welches zwar nicht begriffen, aber doch von innen heraus erspürt werden kann und im Menschen Selbstbewußtsein gewinnt? Vielleicht geht diese Interpretation zu weit; daß sich Schweitzer selbst aber immerhin in dieser Richtung bewegt, läßt sich zeigen. Das Freisein von der Welt, von dem er verschiedentlich spricht, besteht darin, daß der Mensch, der den in ihm vorhandenen Willen zum Leben richtig deutet, anders wird als das von ihm erkannte egoistische nichtmenschliche Leben: in die Bejahung seiner selbst nimmt es die Bejahung des anderen Lebens auf, so daß sich eine scheinbar spezifisch menschliche Hingebung an anderes Leben durchsetzen kann. Schweitzer spricht in diesem Zusammenhang sogar von einer Lebensverneinung in bezug auf das eigene, isolierte, rücksichtslos-egoistische Leben, welches nur *sich* ausleben will. Auf der anderen Seite gibt es selbst bei diesem zentralen Punkt seiner Ethik nicht nur Andersheit, sondern auch Verbindung zur übrigen Natur, insofern Vorformen der Hingebung wie Elternliebe und geschlechtliche Liebe auch bei nicht-menschlichem Leben anzutreffen sind: „Diese Erscheinungen präludieren in gewisser Weise auf das im ethischen Menschen vorliegende Ineinander von Lebensbejahung und Lebensverneinung." (KE, 356) Diese Beschreibung des Sachverhalts, nicht zuletzt die von Schweitzer verwendete Metapher „präludieren", scheint durchaus auf die Vorstellung eines werdenden Ganzen zu verweisen, in welchem der Mensch eine bestimmte Rolle spielen und natürlich auch verfehlen kann. Schweitzer selbst beschreibt die Rolle des ethischen Denkens so: „Etwas, das in einem Instinkt vorgebildet ist, greift es auf, um es auszudehnen und zur Vollkommenheit zu bringen." (ebd.)

Die Besonderheit Schweitzers scheint demnach nicht darin zu liegen, daß er den Gedanken eines sich entwickelnden sinnvollen Ganzen rundweg ablehnt, sondern daß er keine Möglichkeit sieht, ihn erkenntnismäßig darzustellen. Das Erkennen, welches dies trotzdem versucht, verliert sich immer mehr in Einzelheiten, die dem Grundgedanken widrig sind, und kommt so nicht mehr zur Ethik. Die Weltbejahung, die aus der Lebensbejahung hervorgeht, ist nach Schweitzer eben keine Sache der äußeren theoretischen Bestimmung; sie wird vielmehr „von innen heraus" (KE, 347) gesetzt, d. h., sie ist nicht auf das Weltganze, sondern auf konkretes lebendiges Sein bezogen.

Ungeachtet der erarbeiteten Strukturmomente ganzheitlichen Denkens bei Schweitzer bleibt somit die oben beschriebene Dualität zwischen Erkennen und Wollen bestehen, ebenso die Dualität zwischen ethischem Prinzip und individuellem Handeln. Und nach wie vor scheinen sich aus diesen Dualitäten Unstimmigkeiten zu ergeben, die die Durchführbarkeit dieser Ethik in Frage stellen. Wird nicht derjenige, der Schweitzer als Ethiker beim Wort nimmt, im Grunde zur Untätigkeit verurteilt, und derjenige, der die Gleichwertigkeit alles Lebens ernstnimmt, zu praktisch absurden Konsequenzen geführt?

Um diese Frage sachgerecht zu beantworten, muß man selbst eine ganzheitliche Perspektive einnehmen und die Einheit von Theorie und Praxis berücksichtigen, die Schweitzer in seinem eigenen Leben realisierte. Wenn man seine Ethik ausschließlich unter logisch-theoretischem Gesichtspunkt betrachtet, wird man dieser Einheit nicht gerecht. Dies wird schon deutlich, wenn man bedenkt, welche Impulse und Anlässe eigentlich zur Aufstellung oder Entdeckung des Prinzips der Ehrfurcht vor dem Leben führten. Nach Schweitzers eigenem Bericht aus dem Jahre 1931 habe er zunächst nicht weitergewußt, als er entdeckt habe, daß durch Weltanschauung allein keine Erneuerung von Kultur und Ethik erreicht werden könne: „Ich irrte in einem Dickicht umher, in dem kein Weg zu finden war." (LD 167) In diesem Zustand habe er – im September 1915 – eine längere Fahrt auf dem Fluß unternehmen müssen: „Geistesabwesend saß ich auf dem Deck des Schleppkahns, ... Blatt um Blatt beschrieb ich mit unzusammenhängenden Sätzen, nur um auf das Problem konzentriert zu bleiben. Am Abend des dritten Tages, als wir bei Sonnenuntergang gerade durch eine Horde Nilpferde hindurchfuhren, stand urplötzlich, von mir nicht geahnt und nicht gesucht, das Wort ‚Ehrfurcht vor dem Leben' vor mir. Das eiserne Tor hatte nachgegeben; der Pfad im Dickicht war sichtbar geworden. Nun war ich zu der Idee vorgedrungen, in der Welt- und Lebensbejahung und Ethik miteinander enthalten sind." (ebd. 169)

Der Impuls zur Suche nach einem neuen ethischen Prinzip ist zweifellos die Kulturkrise, die mit dem Ausbruch des Ersten Weltkrieges sichtbar wird. Gewiß nicht zufällig ist aber der Anlaß, der zur Entdeckung des von ihm gesuchten Prinzips führt: eine Herde Nilpferde, durch die sich sein Boot bewegt. Daß diesem Anlaß eine besondere Bedeutung zukommt, ergibt sich schon aus der einfachen Überlegung, daß das von Schweitzer entdeckte Prinzip nichts ist, was nur durch empirische Forschung zu entdecken wäre. Man kann ohne weiteres annehmen, daß eine so elementare

Norm auch im Rahmen rein theoretischen Philosophierens hätte formuliert werden können. Wenn man den Bericht Schweitzers aus einer theoretischen Perspektive betrachtet, fragt man sich unwillkürlich, was an der Auffindung des Prinzips der Ehrfurcht vor dem Leben eigentlich so schwierig war. Die Antwort kann nur darin liegen, daß dieses Prinzip überhaupt nur dann sinnvoll sein kann, wenn die konkrete Anschaulichkeit, das direkte Angesprochenwerden durch die Wirklichkeit selbst hinzukommt. Eben deshalb ist es kein Zufall, wenn in dem Bericht Schweitzers die Auffindung dieses Prinzips in der konkreten Begegnung mit fremden Lebewesen erfolgt. Beides gehört dazu: das Denken, in welchem sich die Ethik neu begründet, und die Wirklichkeit, die immer konkret ist und durch Denken niemals ersetzt werden kann.

Unabhängig von der Frage, ob Schweitzer bei seiner obigen Darstellung wirklich diesen Sachverhalt im Sinn hatte, läßt sich deutlich zeigen, daß eine solche Interpretation prinzipiell seiner Auffassung entspricht. Es läßt sich zeigen an seinen Ausführungen über die Notwendigkeit einer ethischen Mystik. Schweitzers Inanspruchnahme dieses Begriffs ist – z. B. von C.-H. Ratschow (1966) – mit der Begründung kritisiert worden, die „Mystik" Albert Schweitzers habe mit dem, was die Tradition unter Mystik verstehe, kaum noch etwas zu tun. H. Groos konstatiert, bei Schweitzer finde sich „weder ein besonderer seelischer Prozeß des mystischen Erkennens noch eine bestimmte Denktechnik noch der charakteristische passive Zustand am Ende" (1974, 439). Diese Feststellungen haben sicher ihre Berechtigung. Man sollte aber nicht so weit gehen, Albert Schweitzers Mystik jede Bestimmtheit und Inhaltlichkeit abzusprechen. Sie ist nicht unpräziser als andere mystische Entwürfe auch. Die traditionelle Mystik, d. h. die chinesische, indische und abendländische Mystik, ist nach Schweitzer un- bzw. überethisch, da sie eine „Mystik des Einswerdens mit dem Absoluten" (KE 368) sei. Das Absolute aber ist nach Schweitzer eine Abstraktion, gleich ob es in dem terminologischen Gewand des „Weltgeistes", des „Inbegriffs des Seins" oder auch „des Absoluten" selbst (vgl. ebd. 372) erscheint. Es handelt sich hier um Abstraktionen, denen nichts in der Wirklichkeit entspricht, so daß Schweitzer zu der sicher problematischen Aussage kommt, der wahren Mystik könne ,,das Absolute ... so gleichgültig werden, wie einem bekehrten Neger sein Fetisch." (ebd., 373) Das unendliche Sein zeigt sich ihm zufolge nicht als abstrakter Inbegriff des Seins, sondern nur in seinen konkreten Erscheinungen: ,,Es gibt keinen Inbegriff des Seins, sondern nur unendliches Sein in unendlichen *Erscheinungen*. Nur durch die *Erscheinungen* des Seins und nur durch die, zu denen ich in Beziehung trete, verkehrt mein Sein mit dem unendlichen Sein." (Hervorhebungen vom Vf., ebd.)

Hier liegt ein ganz wichtiges, sehr offensichtliches und gleichwohl in seiner ethischen Tragweite oft übersehenes Motiv im Denken Albert Schweitzers vor. Wohl sucht er ein ethisches Prinzip, welches nur im Denken aufgefunden werden kann, aber dieses Prinzip bleibt unwirksam, wenn nicht die Begegnung mit der konkreten Wirklichkeit hinzukommt. Beide Komponenten sind gleichgewichtig und natürlich nicht identisch. In der konkreten Begegnung kommt, wie sich sogleich zeigen wird, wirklich etwas hinzu. Und wenn Schweitzer für diese denkend-konkrete Begegnung den Terminus ,,Mystik" reklamiert, so weicht er zwar von der Tradition ab, ohne daß dieser Ausdruck indessen jegliche Kontur verliert. Dies wird in zwei Punkten deutlich. Erstens erfolgt diese Begegnung nach Schweitzer nicht durch äußeres Erkennen, sondern ,,von innen heraus" (KE 347), d.h. durch einen Akt überrationalen Miterlebens. Zweitens spricht Schweitzer ja nach wie vor von dem unendlichen Sein, mit dem der Mensch in Beziehung trete. Man sollte dies nicht als bloßen modus loquendi [Redeweise] abtun und Schweitzer für einen verkappten Positivisten halten (vgl. Groos, 1974, 436). Er will damit doch gerade zum Ausdruck bringen, daß ich *in* der konkreten Begegnung mit anderem Leben etwas erfahre, was prinzipiell größer ist als ich in meiner isolierten Existenz. Zwar wird dadurch in der Tat ,,ein wirkliches Einswerden mit dem unendlichen Sein nicht erreicht" (H. Groos, 1974, 439), aber wird dies denn in den traditionellen Formen der Mystik erreicht? Schweitzers Verwendung des Ausdrucks ,,Mystik" ist zweifellos unorthodox, aber nicht illegitim. Eine andere Frage ist allerdings, ob Schweitzers Mystik nicht pantheistisch angelegt ist – aber diese Frage muß sich auch die traditionelle Mystik gefallen lassen.

Die von Schweitzer akzentuierte, oft genug erlebte und in anschaulichen Schilderungen immer wieder beschriebene Begegnung mit konkretem lebendigen Sein wurde hier nicht dargestellt, um Schweitzers Mystik-Begriff zu erläutern, sondern weil sie den Schlüssel zum Verständnis einiger Unstimmigkeiten, auch der Dualität von ethischem Prinzip und konkretem Handeln, enthält. Diese oben beschriebenen Unstimmigkeiten lassen sich auf keine Weise theoretisch wegdiskutieren. Aber die theoretische Perspektive allein ist unvollständig und deshalb nicht entscheidend. In der konkreten Erfahrung, in dem direkten Angesprochenwerden durch lebendiges Sein kommt etwas hinzu, was in dem theoretisch formulierten ethischen Prinzip selbst nicht enthalten ist. Dieses fordert von jedem Menschen die Bereitschaft, Lebewesen mit Ehrfurcht gegenüberzutreten, wo immer dies möglich ist. Es fordert dazu auf, Leben zu schützen und zu fördern, wo immer sich eine Gelegenheit dazu ergibt, und zwar ohne Rücksicht auf die Unterschiedlichkeit, d. h. Höher- bzw. Niederrangigkeit der verschiedenen Lebensformen. Jedes Leben – gleich ob menschlicher, tierischer oder pflanzlicher Natur – tritt uns mit diesem Anspruch gegenüber, und Schweitzer fordert uns auf, diesen Anspruch zu vernehmen. Das Prinzip der Ethik der Ehrfurcht vor dem Leben sagt uns aber nicht, wie wir uns verhalten sollen, wenn wir uns zwischen verschiedenen Lebewesen und -formen zu entscheiden haben. Ist damit der Willkür Tür und Tor geöffnet? Wohl nur für diejenigen, die die theoretische Perspektive nicht zu überschreiten vermögen. In der konkreten Begegnung *zeigt* sich jedes Wesen jedoch in seiner Eigenart, auch in seiner Unterschiedlichkeit, es spricht den Menschen auch in unterschiedlicher Weise an.

Was in der konkreten Begegnung hinzukommt, ist die *praktische* Gewißheit, was in diesem und jenem Fall zu tun ist, welches Leben im Entscheidungsfall vorzuziehen ist. Bei der Behandlung dieser ganzen Frage muß auffallen, daß Schweitzer selbst offenbar keinen Augenblick ernsthaft daran gedacht hat, seine Arbeit in Lambarene einzustellen, nur um den Tieren und Pflanzen ihren zerstörten Lebensraum wiederzugeben. Aus einer rein theoretischen Perspektive hätte er aber diese Überlegung anstellen müssen. Es gibt genügend Belege dafür, daß Schweitzer selbst nicht im Zweifel darüber war, welches Leben im tätigen Umgang mit der Wirklichkeit jeweils vorzuziehen sei: „Diejenigen, die an Tieren Operationen oder Medikamente versuchen oder ihnen Krankheiten einimpfen, um mit den gewonnenen Resultaten Menschen Hilfe bringen zu können", müssen „in jedem einzelnen Falle ... erwogen haben, ob wirklich Notwendigkeit vorliegt, einem Tier dieses Opfer für die Menschheit aufzuerlegen." (KE, 389) Keine Rede davon, daß diese Experimente auch dann nicht ausgeführt werden dürften, wenn feststände, daß sie notwendig wären, um Menschen zu helfen. „Der Landmann, der auf seiner Wiese tausend Blumen zur Nahrung für seine Kühe hingemäht hat, soll sich hüten, auf dem Heimweg in geistlosem Zeitvertreib eine Blume am Rande der Landstraße zu köpfen, denn damit vergeht er sich an Leben." (KE 388) Allem Anschein nach wird ihm nicht zugemutet, die Blumen stehen und die Kühe lieber verhungern zu lassen. In seinen Straßburger Predigten, also keinem theoretischen Traktat, spricht Schweitzer sogar von kostbarem bzw. niederem Leben. Er klagt dort über die Grausamkeit der Natur: „Das kostbarste Leben wird dem niedersten geopfert. Einmal atmet ein Kind Tuberkelbazillen ein. Es wächst heran, gedeiht, aber Leiden und früher Tod sitzen in ihm, weil diese niedersten Wesen sich in seinen edelsten Organen vermehren." (SP 129) Offenbar denkt Schweitzer gar nicht daran, wegen der prinzipiellen Gleichwertigkeit des Lebens den vielen Bazillen auf Kosten des einen Kindes ihr Leben zu gönnen.

Ist dies ein Mangel an Konsequenz, eher peinlich für einen Philosophen, der ein denknotwendiges Prinzip der Ethik aufzustellen beabsichtigt? Die Frage ist zu verneinen, wenn man bedenkt, daß der praktische Umgang mit Lebendigem der nur theoretischen Bestimmung des ethischen Prinzips Wesentliches hinzufügt. Die Besinnung auf seine eigenartige Konzeption der Mystik zeigte, daß die *konkrete,* praktische Begegnung mit Lebewesen für die Ethik Schweitzers nichts Peripheres, Nebensächliches ist. Man kann daher keineswegs sagen, daß es im Rahmen der Ethik überhaupt nicht möglich ist, zwischen den verschiedenen Lebensformen rangmäßig zu unterscheiden. Die Praxis ist für Schweitzer nicht bloße Anwendung der Theorie, die bereits fertig wäre: sie bereichert die Ethik vielmehr um eine eigene Komponente – in dem hier diskutierten Fall um eine Rangordnung der Lebewesen.

Wenn also vorhin gesagt wurde, die Ethik Schweitzers kenne keine Rangordnung zwischen den Lebensstufen, so gilt dies nur für den theoretischen Teil dieser Ethik. Bezieht man die Praxis als eigene, ergänzende Komponente in die Ethik mit ein, so gilt diese Feststellung nicht länger.

Die dargelegte Einheit von Theorie und Praxis steht zweifellos im Zentrum der Philosophie Albert Schweitzers; sie ist der Akzent, den er dem ganzheitlichen Denken verleiht; und sie läßt uns schließlich auch noch einmal nach der von Schweitzer selbst erwähnten anderen Dualität, derjenigen zwischen Erkennen und Wollen, fragen.

Auch wenn Schweitzer diese Dualität keineswegs selbst auflöst, ist es nicht so, als beurteile er die Rolle des Erkennens für die Ethik *nur* negativ. Eine vermittelnde Funktion spielt bei ihm das Denken: die Ethik kommt ,,aus dem Denken" (KE 357), läßt sich aber dann im weiteren Verlauf ,,nicht logisch durchführen" (ebd.). Das Denken ermöglicht es dem Menschen, ,,die Lebensbejahung, die sich in dem vielgestaltigen Leben um ihn herum zeigt, anzuerkennen und mitzuerleben" (KE 356), anders ausgedrückt: durch das Denken löst sich der Wille zum Leben aus seiner primitiven Selbstbezogenheit und wird in die Lage versetzt, Ehrfurcht vor *anderem* Leben zu entwickeln. Nun ist das Denken sicher nicht identisch mit dem wissenschaftlichen Erkennen, aber eine Verbindungslinie gibt es nach Schweitzer: ,,Die Fortschritte des Wissens haben eine unmittelbare geistige Bedeutung, wenn sie im Denken verarbeitet werden. Immer mehr lassen sie uns erkennen, daß alles, was ist, Kraft, das heißt Wille zum Leben ist ... Was bedeutet es doch für unser Nachdenken über die Welt, daß wir in der Zelle eine Lebensindividualität entdeckt haben, in deren Fähigkeiten der Betätigung und des Erleidens wir die Elemente unserer Vitalität wiederfinden." (KE 406) Das wissenschaftliche Erkennen hat also dann eine positive Funktion, wenn seine Ergebnisse vom Denken in obigem Sinne aufgenommen und an die Ethik weitergegeben werden.

Auch bei der Frage nach dem Inhalt dessen, was da aufgenommen wird, läßt Schweitzer uns nicht völlig im Stich. Zwar ist das Leben außerhalb des Menschen vom Prinzip der Selbstentzweiung beherrscht: „Ein Dasein setzt sich auf Kosten des anderen durch, eines zerstört das andere" (KE 381), so daß der ethisch denkende und handelnde Mensch von der „Sanftmut des Andersseins als die Welt" (KE 382) erfüllt ist. Aber dennoch ist die Einheit des Lebens, die er realisiert, nichts, was der Natur völlig fremd wäre, sie ist vielmehr in ihr vorgezeichnet. So kann Schweitzer von dem „sporadischen Instinkt" (KE 356) sprechen, der bei vielen Tierarten zu Vorformen der Hingebung führt, zu „besonderen Solidaritätsverhältnissen" (ebd.), die der Mensch ausweiten müsse. Diese Solidaritätsverhältnisse zu beschreiben, ist aber ohne Zweifel Sache des wissenschaftlichen Erkennens, welches mithin für die Ethik eine wichtige Bedeutung gewinnt.

Wenn das aber so ist, wenn auch bei Schweitzer Wollen und Erkennen sich nicht immerzu als antithetische Blöcke gegenüberstehen, wie sind dann die vielen, von übergroßer Skepsis geprägten negativen Äußerungen über die Möglichkeit der Welterkenntnis und einer darauf aufbauenden Ethik zu erklären? Vielleicht hängt der Grund auch hier mit der Bedeutung zusammen, die Schweitzer der konkreten Begegnung mit Lebewesen zuerkennt. An einer der Stellen, in denen er das Verhältnis Erkennen – Wollen vorsichtiger beurteilt, sagt Schweitzer: „Alles wahre Erkennen geht in Erleben über." (KE 376) Die Ehrfurcht vor dem Leben ist gleichfalls eine Haltung, die sich im Erleben realisiert; von daher liegt es nahe anzunehmen, daß das „wahre Erkennen" gleichsam auf die Haltung der Ehrfrucht vor dem Leben hin angelegt ist. Wahrscheinlich besteht seine Wahrheit genau in dieser Tendenz, die freilich keine logische Notwendigkeit darstellt: „Von innen heraus setzt es (= das Erkennen) mich zur Welt in Beziehung, indem es meinen Willen zum Leben alles, was ihn umgibt, als Willen zum Leben miterleben läßt." (KE 377)

Wahres Erkennen ist für Schweitzer demnach ein Erkennen, welches bereit ist, in Erleben überzugehen, welches sich mithin nicht auf seine Abstraktionen versteift, sondern zur Konkretion – die freilich im anderen Medium des Erlebens erfolgt – fähig ist. Wenn viele Äußerungen Schweitzers von einer großen Skepsis gegen die Möglichkeit des Erkennens und der Wissenschaft geprägt sind, dann deshalb, weil er fürchtet, daß diese Bereitschaft durch die Abstraktionen der Wissenschaft beeinträchtigt werden könnte. Dies ist unter ethischem Aspekt sein Einwand gegen alle Theorie: es ist nicht so, als brauche er für die Ethik keine Erkenntnis, als verachte er gar die Wissenschaften; er fürchtet lediglich, daß die Abstraktheit und Zerstreutheit des Wissens nicht zum Erleben hinführen, sondern von ihm wegführen könnten. Bezeichnend ist die dahingeworfene Bemerkung, mit der er auf Wilhelm Wundts Behauptung reagiert, der Mensch könne keine Mitfreude mit Tieren empfinden: „als hätte er nie einen durstigen Ochsen saufen sehen." (KE 363)

Das positive Verhältnis, welches dann besteht, wenn Erkennen in Erleben übergeht, bezeichnet Schweitzer auch als „ethische Mystik": „In ihr halten unser Erkennen und unser Wille die geheimnisvolle Zwiesprache miteinander, die unser geistigen Wesen bestimmt." (VWK 81) Der Wille zum Leben ist in dieser Beziehung auf die Erschließung der Welt angewiesen, die Voraussetzung für das Miterleben ist.

Insgesamt kann man sagen, daß die von Schweitzer hervorgehobene Dualität von Erkennen und Wollen zwar eine Einschränkung, aber keine Aufhebung des ganzheitlichen Denkens bedeutet. Er selbst denkt ganzheitlich vom Standpunkt des Erlebens und der konkreten Begegnung mit lebendigem Sein aus. Die Dualität zwischen Erkennen und Wollen verschwindet so nicht, sie wird aber gemildert.

Die Aktualität der Ethik Albert Schweitzers läßt sich in wenigen Worten beschreiben: es sind nicht nur die beschriebenen Momente ganzheitlichen Denkens, die den heute immer öfter erhobenen Forderungen nach einer neuen Bestimmung des Verhältnisses zwischen Mensch und Natur entsprechen. Darüber hinaus verleiht

Schweitzer dem ganzheitlichen Denken einen speziellen Akzent, von dem wir heute vielleicht einiges lernen können. Schweitzer denkt, wie verschiedentlich erläutert wurde, ganzheitlich, indem er den Menschen als Leben *inmitten* von Leben bestimmt. Aber dies ist für ihn weniger ein allgemeines Strukturmerkmal als vielmehr eine Aufforderung zur konkreten Begegnung mit lebendigem Sein, eine Aufforderung, in seinem Sinne ethisch zu werden. Schweitzer denkt ganzheitlich unter dem Aspekt der Konkretheit. Wir sahen, daß hierin die Erklärung verschiedener Unstimmigkeiten liegt, die sich aus seiner Ethik ergeben, solange sie nur aus theoretischer Perspektive betrachtet wird. Die Praxis gleichsam als Bestandteil der Philosophie: dies ist der Gedanke, den die heutige Philosophie generell aufgreifen könnte, auch dann, wenn die Verbindung von Theorie und Praxis nicht immer so überzeugend veranschaulicht werden kann wie in der Person Albert Schweitzers. Zumindest für diejenigen, die nach Erklärungen dafür suchen, warum die Philosophie es heute so schwer hat, Gehör zu finden, wäre dieser Gedanke erwägenswert.

Mutet uns die Philosophie Albert Schweitzers zuviel an Altruismus, an persönlichen Opfern zu, an dem, was er selbst Hingebung nennt? Ist dies nicht ein wichtiger Einwand gegen ihre Wirksamkeit? Ohne Zweifel können wir nicht alle in den Urwald gehen und dort als Ärzte wirken. Wahrscheinlich würde dies mehr Unheil als Nutzen bringen. Aber es gibt viele kleine, anspruchslosere Gelegenheiten, auf die die Grundgedanken seiner Ethik transponierbar sind. Schweitzer selbst bringt eine Reihe von Beispielen. Außerdem sollte man bei dieser Frage grundsätzlich das von ihm skizzierte Verhältnis zwischen Selbstvervollkommnung und Hingebung beachten. Dieses Verhältnis wird durch seine Äußerung illustriert, daß er sich gegenüber anderen Geschöpfen deshalb freundlich verhalte, weil er darin die tiefste Selbstbehauptung erfahre. Die Ehrfurcht vor dem eigenen und die Ehrfurcht vor fremdem Leben greifen ineinander über. In diesem Zusammenhang mag es von Interesse sein, daß die Schwester Schweitzers, die während seiner letzten Lebensjahre mit ihm in Lambarene lebte, in einer Gedenkansprache im Jahre 1975 sagte, sie habe stets das Gefühl gehabt, daß Schweitzer so gelebt habe, wie er habe leben wollen, und so gesehen viel weniger persönliche Opfer gebracht habe, als mancher vermute. Damit stimmt überein, daß Schweitzer die Verfolgung des eigenen Glücks als ethische Pflicht ansah. Dementsprechend geht er auch in ,,Kultur und Ethik" davon aus, daß sich ,,die Ethik der Selbstvervollkommnung und die Ethik der Hingabe durchdringen." (KE 374) Darin steckt viel von der neutestamentlichen Weisheit, daß derjenige, der sein Leben behalten wolle, es verlieren werde, und derjenige, der sein Leben verliere, es behalten werde. Damit ist ja nicht nur eine religiöse, sondern auch eine psychologische Wahrheit formuliert. Daß das Streben nach Selbstvervollkommnung und altruistische Handlungen sich nicht konträr zueinander verhalten müssen, daß die wohlverstandene Interpretation der eigenen Interessen die Berücksichtigung der Interessen anderer nicht ausschließt, weiß jeder aus eigener Erfahrung. Hat man denn das Gefühl, die eigene Person sei nun zu kurz gekommen, wenn man einmal uneigennützig gehandelt hat? Dieses Gefühl stellt sich eher dann ein, wenn der Altruismus zum ausschließlichen Handlungsmotiv gemacht wird und andere diese Haltung bewußt ausnutzen. Aber dies wird in Schweitzers Ethik keineswegs gefordert.

Auch hier löst sich die Spannung indessen nicht völlig auf. Sie wird deutlich in dem Terminus ,,Lebensverneinung", mit welchem Schweitzer die in der Hingebung an anderes Leben liegende Zügelung der eigenen, von Natur aus ungehemmten Lebensinteressen belegt. Es handelt sich hier natürlich nicht im wörtlichen Sinne um eine Selbstauslöschung; Schweitzer will mit der Schärfe dieses Ausdrucks lediglich darauf hinweisen, daß seine Ethik für den einzelnen alles andere als bequem ist – und dabei muß es schließlich auch bleiben.

In den folgenden Zeilen drückt Schweitzer das Verhältnis zwischen Hingebung und Selbstvervollkommnung selbst auf sehr differenzierte, jedoch prägnante Weise aus:

,,Von Haus aus ist die Ethik der Selbstvervollkommnung kosmisch, weil Selbstvervollkommnung in nichts anderem besteht, als darin, daß der Mensch in das wahre Verhältnis zum Sein, das in ihm und außer ihm ist, komme. Aus der natürlichen, äußeren Zugehörigkeit zum Sein will er eine geistige, innerliche Hingabe an dieses machen und sein leidendes und tätiges Verhalten zu den Dingen durch diese Hingabe bestimmt sein lassen." (KE 218)

Es scheint, daß in diesen Worten sämtliche hier besprochenen Dualitäten mit ihren möglichen Auflösungen versammelt sind: Theorie/Praxis, Erkennen/Wollen, Hingabe/Selbstvervollkommnung.

Eine Naturphilosophie, die sich an den Prinzipien Albert Schweitzers orientiert, hat vor allem den Zweck, dem Menschen eine Sicht der Natur nahezubringen, die es ihm ermöglicht, sich nicht nur als Beherrscher, sondern ebenso als Bewahrer der Natur zu verstehen – so wie dies bereits im Alten Testament gefordert wird. Insofern kann die Philosophie eine weite Wegstrecke gemeinsam mit der Theologie zurücklegen. Aber natürlich gibt es eine Grenze der Gemeinsamkeit. Religion und Theologie leben von eschatologischer Hoffnung, wie sie etwa in der berühmten Stelle des Alten Testaments Is. 11, 6ff. zum Ausdruck kommt: der Löwe, der Stroh frißt; der Löwe, der sich vom Knaben hüten läßt; der Wolf, der friedlich beim Lamm lagert; die Bärin, die sich mit der Kuh anfreundet; das Kind, das ohne Gefahr die Viper in die Hand nimmt. Hinter diesen Bildern steckt die Vorstellung einer völlig befriedeten Welt, einer Gegenwelt. In der Bretagne gibt es übrigens eine listige Variante dieser Vorstellung: der sagenhafte König Gradlon habe sich auf einer Jagd verirrt und müde und äußerst hungrig die Hütte des Einsiedlers Corentin erreicht. Dieser lebte in völliger Anspruchslosigkeit und ernährte sich das ganze Jahr hindurch von ein und demselben Fisch. Der Fisch sei täglich herangeschwommen und habe sich geduldig ein Stück Fleisch aus seinem Leib schneiden lassen, welches dann auf wundersame Weise bis zum nächsten Tag nachgewachsen sei. Der Einsiedler habe auch dem König von dem Fisch zu essen gegeben, so daß dieser wieder habe zu Kräften kommen können. So kann man es sich auch vorstellen: jeder lebt vom andern, ohne daß irgendjemand geschädigt würde.

Altes Testament und Sage: Beiden gemeinsam ist ihr utopischer

Charakter; sie beschreiben etwas, was auf sehr bestimmte Weise unseren Bedürfnissen und Wünschen entspricht, was wir jedoch unter Zugrundelegung der uns bekannten Naturgegebenheiten eigentlich ausschließen müssen. Solche Utopien leben von der Vorstellung einer geheimnisvollen Verwandlung und sind in Religion und Theologie legitim, ja notwendig. Das Handeln kann von ihnen lebenswichtige Motivationen beziehen. Auch die Philosophie kommt letztlich nicht ohne Utopie aus. In Teilhard de Chardin werden wir einem Denker der Utopie begegnen. Aber die Philosophie darf nicht so unbekümmert die Grenze zwischen Realität und Wunsch überschreiten wie die Religion. Auch bei der Konstruktion von Utopien muß sie vielmehr die schwerfälligen Stelzen der Ratio benutzen, um konkret zu bleiben. Auf religiöse Utopien als weiterführende Vorstellungskomplexe darf sie wohl verweisen, ohne sie jedoch in ihr eigenes Geschäft einzubeziehen. Damit ist freilich auch die Grenze bezeichnet, an der die Philosophie ihr Ende erreicht, ohne wirklich bis zum Äußersten vorgedrungen zu sein.

IV.

„Solidarität und Verantwortung für ein in Entwicklung befindliches Universum“ Teilhard de Chardin und die Zuversicht des Lebens

Die Zuversicht des Lebens, der Optimismus der Welt- und Lebensanschauung sind für Teilhard de Chardin durchgängige Denk- und Forschungsmotive gewesen. Dementsprechend ist die Hoffnung für ihn ein notwendiges Stimulans des Lebens und keineswegs die geringste unter den theologischen Tugenden. Der Mensch des 20. Jahrhunderts, so sagt er immer wieder, sei ungeachtet der von ihm erzielten äußeren Erfolge unbestreitbar ein trauriger Mensch, besessen von der Vorstellung eines Erlöschens der eigenen Art (vgl. ZM 392, AH 390). Dieses taedium vitae (Trägheit des Lebens) sei für ihn gefährlicher als die unbestreitbaren äußeren Bedrohungen, denen sich der moderne Mensch ausgesetzt habe. So gesehen, kommt es Teilhard in der Tat darauf an, Zuversicht zu wecken, und dies sogar in einem durchaus wörtlichen Sinne: hebt er doch immer wieder hervor, seine eigene Methode sei beseelt von einer neuen Art des Sehens (voir). Im Prolog zu „Le Phénomène Humain“ (dt. Titel: Der Mensch im Kosmos) beschreibt er ausführlich, was er damit meint. Wie sehr ihn selbst dieses Motiv, dieses Erlebnis des Sehens zeit seines Lebens beschäftigt hat, zeigen viele Briefe und Tagebuchaufzeichnungen, z. B. diejenige, in der er – nicht lange vor seinem Tod – resignierend und doch nicht ganz ohne Hoffnung sich selbst die Frage stellt, ob es sein könne, daß er als einziger gesehen habe.

Ähnlich wie Albert Schweitzer erkennt Teilhard dem Lebensoptimismus in unserer bedrohten Welt eine besondere Bedeutung zu, nicht einem flachen Lebens- und Fortschrittsoptimismus, sondern jenem Optimismus, der aus der Tiefe des Lebens aufsteigt und zur

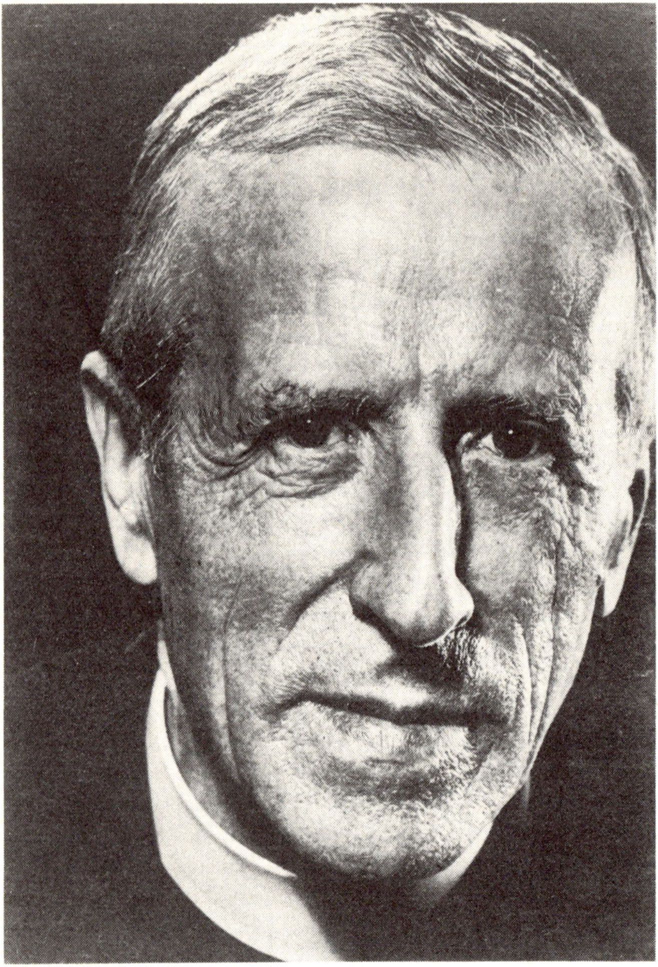

Pierre Teilhard de Chardin 1881–1955
(Foto: Fondation Teilhard de Chardin, Paris)

Übernahme einer unbegrenzten Verantwortung führt. Eine wichtige Rolle der Religionen, *aller* Religionen, müßte Teilhard zufolge darin bestehen, die „Lust am Leben“ zu nähren: „eine Religion der Menschheit und der Erde: das erwarten wir als unentbehrlichen Sauerstoff in diesem Augenblick.“ (LME 119, AE 248)

Optimismus, Lebenslust, Zuversicht – ähnlichen Begriffen sind wir bereits bei Albert Schweitzer begegnet. Diese Ähnlichkeit in der allgemeinen Einstellung dem Leben gegenüber darf allerdings nicht darüber hinwegtäuschen, daß die Rahmen dieser Lebensbewertung bei beiden recht verschieden sind. Bei Schweitzer handelt es sich um eine praktische, aus dem Willen geborene Haltung dem Leben gegenüber, welche durch die theoretische Erkenntnis keineswegs abgedeckt ist. Teilhard hingegen wird nicht müde zu betonen, daß die Liebe zum Leben sich verflüchtigen werde, wenn sie nicht von der Überzeugung einer sinnvoll sich entwickelnden Welt getragen werde. Für ihn muß sich folglich der Optimismus auf beides erstrecken: auf die Lebens- *und* die Weltanschauung, wobei es müßig ist zu fragen, welcher Komponente hier die Priorität zufällt.

Was Teilhard freilich wiederum mit Schweitzer, dem er persönlich nicht begegnet ist, verbindet, sind die Schwierigkeiten, ja Widrigkeiten der äußeren Lebensumstände, die den Lebensoptimismus ganz unabhängig von seinem theoretischen Stellenwert zu einer großen persönlichen Leistung machen. Teilhards Leben auch nur annähernd exakt zu beschreiben, ist in diesem Rahmen unmöglich. Die vorliegenden Biographien, vor allem diejenigen von Claude Cuénot und Günther Schiwy, machen einen derartigen Versuch auch überflüssig. Auf die wichtigsten Lebensdaten wollen wir trotzdem nicht verzichten, da die Weite der Lebensumstände sicher etwas mit Teilhards kosmologischer Philosophie zu tun hat.

Pierre Teilhard de Chardin wurde am 1. Mai 1881 im Schloß Sarcenat bei Clermont-Ferrand in der Auvergne geboren. Er verbrachte eine glückliche Kindheit im Schoße einer aristokratischen Familie und einer reizvollen Landschaft, die wohl frühzeitig die nie erlöschende Liebe zur Natur in ihm weckte. Im April 1892 wurde er in das Jesuitenkolleg Mongré in Ville-Franche-Saône aufgenommen; nach dem philosophischen und mathematischen Baccalaureat trat er im März 1899 als Novize in den Jesuitenorden ein. In den folgenden Jahren absolvierte Teilhard ein dreijähriges Philosophiestudium auf der Insel Jersey, einen dreijährigen Aufenthalt in Kairo, wo er am Jesuitenkolleg Physikunterricht erteilte, und das Theologiestudium in Ore Place bei Hastings, wo er am 24. 8. 1911 zum Priester geweiht wurde. In diesen Jahren kam Teilhard erstmals mit Bergson in Berührung, dessen „Evolution créatrice" für ihn der entscheidende Antoß für seine eigene Version der Transformationslehre lieferte. Das Jahr 1912 war für Teilhard von besonderer Bedeutung, als er die Genehmigung erhielt, am Naturhistorischen Museum in Paris mit dem Studium der Geologie und Paläontologie zu beginnen. Teilhard sollte wissenschaftliche Argumente gegen die Evolutionslehre sammeln. Was daraus wurde, ist bekannt.

Die Kriegsjahre 1914–18, in denen Teilhard freiwillig Dienst als Sanitäter leistete und mehrere Tapferkeitsauszeichnungen erhielt, erscheinen im nachhinein eher als Aufschub des 1924 beginnenden, von Mißverständnissen geprägten Konflikts mit der Institution Kirche: ein Text Teilhards über die Erbsünde gelangte nach Rom und war Anlaß für das Verbot, die ihm inzwischen angetragene außerordentliche Professur für Geologie am Institut Catholique in Paris weiter wahrzunehmen. Der sich entwickelnde Zwist, der Teilhard von nun an bis zu seinem Tod begleitete, war Anlaß für die „Verbannung" nach China, welches er bereits vorher auf einer wissenschaftlichen Expedition kennengelernt hatte. Im April 1926 verließ Teilhard Frankreich in ein zwanzig Jahre dauerndes, allerdings durch viele Zwischenaufenthalte in Europa und Reisen in die verschiedensten Regionen (Indien, Java, Somalia, Abessinien, USA) unterbrochenes Exil, welches sich auf seine wissenschaftliche Laufbahn bekanntlich günstig auswirkte.

Vielleicht ist dies ein Grundzug seines Lebens, welcher sich auch in seiner Philosophie manifestiert: die ausgeprägte Fähigkeit, widrige Lebensumstände so um sich herum „anzuordnen", daß Positives daraus hervorging – in China die maßgebliche Beteiligung an der Entdeckung und Einordnung des Sinanthropus Pekinensis, die

Teilhards wissenschaftliches Renommee festigte, je nach Interpretation auch erst begründete.

Mit der Zeit wandte sich Teilhard immer stärker den Problemen der künftigen Entwicklung der Menschheit zu, die er als Fortsetzung der Evolution auf einen Zustand maximaler, im Punkt Omega abgeschlossener Einheit hin interpretierte. Er faßte die Resultate seines Forschens und Denkens in einer Schrift mit dem Titel „Le phénomène humain" (dt.: Der Mensch im Kosmos) zusammen, welches er im Jahre 1940 zunächst abschließen konnte. Seine Hoffnungen auf eine kirchliche Druckerlaubnis für das Buch, welches Teilhard selbst als sein wichtigstes Werk betrachtete, erfüllten sich nicht, obwohl er nach seiner Rückkehr aus dem Exil im Jahre 1946 einen Anhang hinzufügte in der Absicht, die Orthodoxie seiner Position zu verdeutlichen.

Die Konflikte mit seinem Orden und der Kirche verschärften sich zusehends, so daß er 1950 erneut ins Exil ging, diesmal nach New York, wo er im Rahmen der Wenner Gren Foundation wissenschaftlich arbeitete. Zuvor war er in Frankreich zum Mitglied der Akademie der Wissenschaften gewählt worden, nachdem ihm kirchlicherseits verboten worden war, einen Lehrstuhl am „Collège de France" anzunehmen und irgendwelche philosophisch-theologischen Traktate zu veröffentlichen. Von den USA aus unternahm Teilhard noch einmal zwei bedeutende Forschungsreisen nach Südafrika, die seine wissenschaftliche Auffassung von den Ursprüngen der Menschheit nachhaltig beeinflußten.

Teilhard starb in New York am 10. April 1955, einem Ostersonntag, dem Tag der Auferstehung Christi. Erst nach seinem Tode konnten die Schriften erscheinen, die den engen fachwissenschaftlichen Rahmen sprengten und von Teilhard selbst als die eigentlich bedeutsamen betrachtet wurden. Offenbar teilte er diese Einschätzung mit seinen Ordens- und Kirchenoberen.

Teilhard als Mensch sei – so sagen diejenigen, die ihn kannten – von einer außerordentlichen Güte und Liebenswürdigkeit gewesen. Im Umgang mit Mitmenschen war er freilich nicht frei von einer trockenen Ironie, die er auch sich selbst gegenüber anwenden konnte. Daß sich diese Eigenschaften mit einer gewissen Härte und Konsequenz verbanden, zeigt seine Haltung im Konflikt mit der Kirche. Bei aller Hartnäckigkeit, mit der er an seinen Einsichten festhielt – er hat seinen Orden nicht verlassen oder sein Priesteramt aufgegeben oder ist aus der Kirche ausgetreten: er wollte etwas bewegen, aber er wollte es *innerhalb* der Kirche tun. Er war der Meinung, die Kirche müsse ihren Elfenbeinturm verlassen, um sich an die Spitze der sozialen, kulturellen, ja kosmischen Entwicklung zu stellen, und er war der Meinung, daß sie dies tun könne, ohne irgendetwas von ihrer Identität preisgeben zu müssen.

Wenn vom Charakter Teilhards die Rede ist, so darf auch sein Verhältnis zum weiblichen Geschlecht nicht außer Betracht bleiben. Er hielt den Menschen für ein Wesen, welches auf Komplementarität hin angelegt sei, und er selbst brauchte diese Ergänzung in Gestalt des Weiblichen. Seine Freundschaften mit seiner Cousine Teillard-Chambon, mit Léontine Zanta, mit Ida Treat, Lucile Swan und Rhoda de Terra belegen dies zur Genüge. Aber niemand hat ihm nachsagen können, daß er dabei die Grenze überschritt, die ihm durch seinen geistlichen Stand gezogen war.

Als seine Schriften nach seinem Tode endlich erscheinen konnten, riefen sie heftige Reaktionen hervor teils positiver, teils negativer Art. „Mon univers", „Comment je crois" – dies sind für Teilhard sehr charakteristische Titel. Wir finden bei ihm eine eigentümliche Verbindung von Subjektivität und Objektivität; bis in die letzten stilistischen Feinheiten macht er auf der einen Seite stets deutlich, daß es sich um eine Vision, eine *persönliche* Weltanschauung handelt, die aber auf der anderen Seite eben doch Sicht der *Welt* und somit alles andere als beliebig, *nur* personenbedingt sein will. Seine Schriften stellen eine eigenartige Symbiose von wissenschaftlicher Analytik und bekenntnishafter Auslegung der Wirklichkeit dar – ohne daß sich Teilhard über die Verschiedenartigkeit der Bestandteile immer im klaren gewesen zu sein scheint. Dem Ineinander von Subjektivität und Objektivität entspricht die bildreiche, häufig appellierende Sprache, der man insgesamt ästhetische Qualitäten kaum absprechen kann, auch wenn sie zuweilen von einer naiven Schwerfälligkeit ist.

Nach dem Tode Teilhards bildeten sich verschiedene Rezeptionsrichtungen. Da waren einmal die bedingungslosen, meist unkritischen Anhänger, die vor allem von dem Mystiker Teilhard beeindruckt waren, wie er etwa in der Schrift ,,Le Milieu Divin" (dt. ,,Der göttliche Bereich") zum Ausdruck kommt. Zahlreiche Teilhard-de-Chardin-Kreise bildeten sich, die in seinem Geiste weiterzuwirken und weiterzumeditieren versuchten. Zum Teil bestehen sie heute noch oder heute wieder. Daneben gab es, vor allem natürlich auf katholischer Seite, zahlreiche apologetische Versuche, die nachzuweisen bestrebt waren, daß Teilhard alles andere als ein Irrlehrer gewesen sei, sondern sich stets auf dem Boden der kirchlichen Lehre bewegt habe, nicht nur persönlich, sondern auch in seinen Schriften – zu erwähnen sind hier etwa Bruno de Solages, N. M. Wildiers, der bereits genannte Cuénot und vor allem der Reformtheologe H. de Lubac. In diesen Schriften erscheint mutatis mutandis Teilhard als ein Denker und Forscher, der lediglich versucht habe, aristotelisch-thomistische und patristische Traditionen mit den Erkenntnissen der modernen Wissenschaft zu versöhnen, wobei er selbst innerhalb dieser Traditionen verblieben sei. Man kann sagen, daß dies zunächst auch die Generallinie des Komitees war, welches sich um die Herausgabe der Schriften Teilhards bemühte. Fr.-A. Viallet, der selbst eine zweibändige, von kritischer Sympathie getragene Monographie über Teilhard veröffentlicht hat, veranlaßte die übergroße Ängstlichkeit, mit der man eine kritische Diskussion zu verhindern suchte, zu der zornigen Feststellung, offenbar gehe es der einen Seite darum, aus Teilhard um jeden Preis einen Heiligen zu machen, nachdem die andere Seite ihn nicht länger totschweigen könne. ,,Wer immer es wagen sollte, ihn ,,anders' zu sehen, dem würde man das Wasser abgraben." (1963, II, 104)

Wer auf katholischer Seite das Bild des kirchentreuen, traditionsverhafteten Teilhard nicht akzeptierte, blieb freilich auf Ablehnungskurs – so etwa Jacques Maritain. Ihm mögen bei seiner Einstufung Teilhards Mißverständnisse unterlaufen sein – zumindest versuchte er nicht, Teilhard die Originalität seiner Synthese streitig zu machen, die er allerdings ablehnte.

Es war offensichtlich, daß die direkten Quellen Teilhards, soweit sie philosophischer Natur waren, nicht in der Scholastik lagen, sondern in der Lebensphilosophie, so wie sie von Bergson entworfen worden war. Daß Teilhard den Begriff des ,,élan vital" aufgriff und wissenschaftlich, gleichzeitig aber auch spekulierend, zu begründen trachtete, lag auf der Hand. Teilhard hat Bergson nicht persönlich kennengelernt, sich aber früh von seinen Schriften beeindrucken lassen. In einem Brief aus dem Jahre 1930 sagt er, er verehre Bergson wie einen Heiligen. Das Verhältnis Teilhard – Bergson hat M. Barthélemy-Maudaule in einer umfangreichen Monographie dargestellt. Auch auf das Verhältnis zwischen Teilhard und Maurice Blondel, das in einem von H. de Lubac herausgegebenen Briefwechsel dokumentiert ist, wäre in diesem Zusammenhang zu verweisen. Mit Blondel verbindet Teilhard die kosmische Dimension seines Denkens, der Bezug auf die Stelle im Brief des hl. Paulus an die Römer, derzufolge nicht nur der Mensch, sondern die ganze Schöpfung auf Erlösung warte, um dereinst an der ,,Freiheit der Gotteskinder" teilzunehmen (vgl. Römer 8, 22).

Von Interesse ist auch Teilhards Rezeption in der marxistischen Philosophie, die von R. Garaudy initiiert wurde. Teilhards Verhältnis zum Marxismus ist zwiespältig: den Materialismus lehnte er so grundsätzlich ab, daß man ihn im Gegenteil selbst als einen Animisten oder Panpsychisten bezeichnen konnte – war Teilhard doch der Meinung, daß es auch in der (nichtlebenden) Materie so etwas wie ,,Bewußtsein" gebe. Auf der anderen Seite war Teilhard von der Vitalität des Marxismus, von seiner universalistischen Weltschau, von seinem Glauben an die Zukunft der Menschheit beeindruckt. Besonders in dem letzten Punkt hielt er ihn dem Christentum, welches sich gegenwärtig kleinmütig darstelle und lediglich Rückzugsgefechte liefere, für überlegen. Da Teilhard selbst in universalen, kosmischen Evolutionskategorien denkt und die Zukunft der Menschheit in diesen Denkprozeß einbezieht, ergaben sich hier einige Berührungspunkte. Dem Einfluß Garaudys, der ja erst später mit der Kommunistischen Partei Frankreichs brach, ist es zu verdanken, daß ,,Le Phénomène Humain" in der Sowjetunion erscheinen konnte, obwohl Teilhard in diesem Buch,

welches in den Jahren 1938 bis 1940 in China entstand, doch u. a. vor der Möglichkeit „grauenhafter Versklavung in den Ketten des Kommunismus und des Nationalsozialismus" (MiK 264, PH 285) warnte. Auch Garaudy übersieht nicht die grundlegenden Differenzen zwischen dem Denken Teilhards und marxistischem Denken, die Differenzen z. B. in der Darstellung des Verhältnisses Materie-Geist, im jeweiligen Stellenwert des ökonomischen Sektors, im Personenverständnis, in der Bewertung des Religiösen. Er will nur ein Gespräch eröffnen, einen Dialog führen, und damit entspricht er freilich einem Anliegen Teilhards.

Teilhards Verhältnis zum Marxismus war in den entscheidenden Punkten sehr distanziert, was ihn aber nicht daran hinderte, dem Marxismus bezüglich der allgemeinen Lebens- und Geschichtseinstellung einige Vorzüge abzugewinnen. Nur kritisch hingegen war Teilhards Verhältnis zur Existenzphilosophie. Sartres Dramen fesselten ihn wohl, ohne daß seine Philosophie ihn anzusprechen vermochte. Die Gefangenheit des Einzelnen in den Schranken seiner einsamen Existenz, die Verzweiflung in seiner absurden Freiheit, die Sinnlosigkeit des Lebens – das waren Positionen, die für Teilhard allenfalls einen Anfangs-, nicht aber einen Endpunkt des Philosophierens bezeichnen konnten. Sartre seinerseits überging Teilhard mit eisigem Schweigen. Mit Gabriel Marcel hingegen, der eine christliche Version des Existenzialismus zu realisieren versuchte, führte Teilhard 1947 eine scharfe, teilweise erbitterte Diskussion, in welcher die unterschiedlichen Standpunkte deutlich hervortraten. Während Marcel immer wieder auf die innere Zweideutigkeit und Gebrochenheit menschlicher Existenz verwies, betonte Teilhard, dies seien Erfahrungen, bei denen man nicht stehenbleiben dürfe, da sie zu einer Lähmung des Lebens führen könnten. Der Christ habe heute die Aufgabe, die Einmütigkeit (unanimité) der Menschheit voranzutreiben, und hierfür müsse er Verantwortung übernehmen. Das aber könne er nur, wenn er, statt immer nur auf die Ambivalenz seiner eigenen Existenz zu starren, an den Menschen und die Menschheit glaube – und dies gerade als Christ.

Im deutschsprachigen Raum bezog sich die Teilhard-Rezeption

vor allem auf anthropologische, geschichts- und naturphilosophische Fragen. Neben kritikloser Zustimmung (A. Gosztony, 1968) und überkritischer Ablehnung (E. Hengstenberg, 1965) gab es auch umsichtigere und deshalb gewichtigere Stellungnahmen, so etwa diejenige von A. Portmann (1965). Portmann konstatiert, daß Teilhard als Evolutionstheoretiker der Menschheit einen Zukunftsspielraum von ein bis zwei Millionen Jahren zuerkenne, und fragt vorsichtig, ob nicht die Handlungsmotivation des Menschen hier und jetzt beeinträchtigt sein könne, wenn seine Sinnperspektive einen so ungeheuren Zeitraum umfasse. Portmann äußert weiter die Befürchtung, der Determinismus im Evolutionsgeschehen könne zwar nicht in der Selbstdeutung Teilhards, wohl aber in der objektiven Wirkung zu einer Einschränkung menschlicher Freiheit führen, eine Position, die sehr differenziert auch von Th. Broch (1977) vertreten wird. Portmann wie auch andere Autoren betonen weiterhin, daß bei Teilhard allzu häufig die Grenzen zwischen wissenschaftlichem Erkennen und spekulativer Vermutung verwischt würden. Trotz vieler kritischer Einzelfragen kann man indes nicht sagen, daß Portmann Teilhard insgesamt ablehnend gegenüberstehe. Seiner eigenen Denkweise entsprechend hebt er als besonders positiv hervor, daß Teilhard im Bereich des Lebendigen die intériorité neu entdeckt und begründet habe, also die Innerlichkeit, die dem Lebewesen – nicht nur dem Menschen – eigene Spontaneität verleiht und es zu mehr macht als zu einem bloßen Spielball äußerer Kräfte. Ähnlich positiv deutet er Teilhards organische Zuordnung von Leib und Seele, Leben und Geist, wodurch verhindert werde, daß das eine zum bloßen Epiphänomen des anderen werde. Ähnliche Bezüge finden sich in breiter historischer Entfaltung bei A. Müller (1964). Müller bringt die Lehre von der intériorité in einen engen Zusammenhang mit dem Begriff der analogia entis (Seinsanalogie) und reiht Teilhard so in eine Tradition ein, die bei Aristoteles beginnt, im Mittelalter von Thomas von Aquin und Nicolaus von Cues aufgegriffen und von Leibniz, Goethe und Schelling weitergeführt wird.

Im Bereich der Existenzphilosophie gab es zuweilen Ansätze für eine Vereinnahmung Teilhards, die aber durch K. Löwith (1962)

widerlegt sein dürften. Löwith konstatiert unmißverständlich, daß Teilhards Denken eschatologisch orientiert sei und auf eine neue Verchristlichung säkularisierter Deutungsmuster hinauslaufe. Eben deshalb aber steht sein Geschichtsdenken nicht unter dem Diktat der Philosophie der Endlichkeit, die – vielleicht mit Ausnahme von Karl Jaspers – die deutsche und weithin auch französische Existenzphilosophie beherrscht hat.

Dieser fragmentarische Überblick darf nicht den Eindruck erwecken, als habe Teilhard jemals im Zentrum des Interesses der etablierten Philosophen gestanden. Die Auseinandersetzungen kamen mehr von theologischer und naturwissenschaftlicher Seite, oft natürlich auch von Richtungen, die primär gar keine theoretischen Ambitionen entfalteten, sondern Teilhards Schriften eher als Impuls für eine Neugestaltung grundlegender Lebensvollzüge rezipierten. Insgesamt muß man sagen, daß die institutionalisierte Philosophie sich eher reserviert verhielt. Dies lag teilweise daran, daß sie sich mit anderen – zunächst existenzphilosophischen, später sozialphilosophischen – Fragen und natürlich immerzu mit ihrer eigenen Geschichte befaßte, teils aber vielleicht auch daran, daß Teilhards Art, sich mit allgemeinen Sinnfragen zu beschäftigen, zu direkt, zu naiv, zu „ungelehrt“, kurz: zu unakademisch erschien. Hinzuzufügen bleibt, daß sich das Interesse an Teilhard gegenwärtig eher wieder belebt. Vielleicht liegt das daran, daß – ganz unabhängig von den Antworten – die Fragen, die Teilhard stellte, auch uns heute wieder bedrängen. Im folgenden sollen einige dieser Fragen untersucht werden. Vielleicht wird dabei auch deutlich werden, warum die Art und Weise, in der Teilhard diesen Fragen nachging, so gegensätzliche Reaktionen hervorrufen konnte.

Teilhards Denkweise verdient insgesamt zweifellos das Prädikat „ganzheitlich“. Was dies bedeutet, welchen Stellenwert die ganzheitliche Sichtweise für Teilhard hat, läßt sich vielleicht am besten dem Vergleich mit zwei Gegenpositionen entnehmen, die zwar unter sich wiederum gegensätzlich sind, die Teilhard aber beide antithetisch auf sich bezieht. Es handelt sich dabei einmal um den von uns schon erwähnten Dualismus des Descartes, welcher das endliche Sein einteilt in res cogitans und res extensa (denkende

bzw. ausgedehnte Sache). Es handelt sich dabei um eine ausschließende Einteilung, d. h., alles, was denkend ist, ist nach Descartes nicht ausgedehnt bzw. stofflich, und alles, was ausgedehnt bzw. stofflich ist, ist auf keine Weise mit Denken, Geist oder Bewußtsein ausgestattet. In dieser Einteilung erscheint der Mensch als denkendes Wesen, welches es zu tun hat mit einer im Grunde fremden Welt ausgedehnter, stofflicher Wesen, zu denen auch sein eigener Körper gehört. Diesen Gegensatz von Materie und Bewußtsein, Leib und Seele zu überwinden, ist für Teilhard vielleicht das stärkste Denk- und Forschungsmotiv gewesen. Im Jahre 1950 schreibt er in „Das Herz der Materie", schon bei seinem ersten Aufenthalt in Ägypten sei ihm aufgegangen, Materie und Geist, Leib und Seele, Unbewußtes und Bewußtsein, seien nicht zwei voneinander getrennte Substanzen – keine verschiedenen „res", wie Descartes meinte – , sondern eher zwei verschiedene Zustände ein und desselben kosmischen Urstoffs. Er drückt diesen Gedanken an anderen Stellen anders aus, um dem Eindruck des Monismus vorzubeugen, aber die Grundtendenz ist immer die gleiche: den Dualismus von Körper und Seele, Materie und Geist als hinfällig zu erweisen. Dies ist vielleicht der wichtigste Aspekt seines ganzheitlichen Denkens.

„Ganzheitlich" meint dabei zweierlei: zum einen will Teilhard aufzeigen, daß der Mensch ein organisches Ganzes darstellt, kein Wesen mit zwei heterogenen Teilen (Denken und Ausdehnung), sondern ein Wesen, in welchem Leib und Seele eine organische Symbiose bilden. Überall, wo in den Grenzen unserer Erfahrung Geist auftritt, bedarf er der Materie, und zwar von seinem Wesen her. Geist und Materie bestehen nicht nebeneinander, als hätten sie im Grunde nichts miteinander zu tun, sondern *in*einander, als organisches Ganzes, dessen Teile aufeinander bezogen sind. Dieses allgemeine Prinzip gilt in besonderer Weise für den Menschen: „Es gibt auf der Welt weder Geist noch Materie: der Stoff des Universums ist *Geist-Materie*. Keine andere Substanz als diese vermöchte das menschliche Molekül zu ergeben." (ME 76, EH 74) Dementsprechend fordert Teilhard, in die wissenschaftliche Untersuchung des Menschen künftig über die Anatomie hinaus auch die Psychologie einzubeziehen (MiK 177, PH 194).

Der Mensch als organisches Ganzes ist der eine Aspekt des ganzheitlichen Denkens. Der zweite betrifft die Einsicht, daß ,,Geist" und ,,Bewußtsein" nach Teilhard nicht auf den Menschen beschränkt sind. Tiere und Pflanzen nennt er in bewußtem Gegensatz zu den Cartesianern unsere ,,fernen Brüder", auch wenn deren Seelen uns fremd bleiben (vgl. MiK 178, PH 195), mehr noch: auch das scheinbar nur materielle, nach Descartes *nur* ausgedehnte Sein besitzt geistige Strukturen: ,,Der Kosmos wäre physisch unfähig, den Menschen zu enthalten, wäre er auf der Basis von Materie aufgebaut. Also ... ist er im Innersten seiner selbst *aus geistigem Stoff.*" (ME 161, EH 152) Um diesen Sachverhalt zu betonen, benutzt Teilhard die Ausdrücke ,,Geist", ,,Seele", ,,Bewußtsein" etwa synonym. Die Materie ist von vornherein als durchgeistigt anzusehen, sie ist auch als ,,sogenannte rohe Materie ... auf ihre Weise beseelt" (WChr 75, ScChr 75), Teilhard formuliert sogar das Prinzip, ,,daß das Bewußtsein (...) eine allen für das Universum konstitutiven Korpuskeln gemeinsame universelle Eigenschaft ist" (ZM 174, AH 165). Dies ist keineswegs im Sinne des klassischen oder auch modernen Idealismus zu verstehen, so als sei der Geist des Menschen die universelle formende Kraft, die jedem Ding seine Bestimmtheit verleihe. Der Mensch ist, wie sich noch deutlicher zeigen wird, wohl das am höchsten entwickelte Wesen, aber nicht so, als sei erst mit ihm der Geist in die Welt gekommen. Teilhard will in der Tat sagen, daß es auch schon vor dem Auftreten des Menschen Geist, Bewußtsein, Seele gegeben habe, und daß diese Bestimmungen sich auch jetzt noch in außermenschlichem Sein finden: ,,nichts, so demütig oder so grob es auch scheinen mag, das nicht eine Spur davon enthielte" (GM 121, MD 127). So kann Teilhard weiterhin sagen: ,,In ihrem tiefsten Innern besteht die lebende Welt aus Bewußtsein, das von Fleisch und Knochen umkleidet ist. Von der Biosphäre bis zur Art ist alles nur eine ungeheure Verzweigung von Seelenleben, das durch alle Formen hindurch sich sucht." (MiK 151, PH 165)

Es liegt nahe, auf solche Formulierungen den Vorwurf des Animismus zu stützen, wie dies z. B. J. Monod (1970) tut. Wenn Animismus den Glauben beinhaltet, ,,daß alle Erscheinungsformen der Natur analog zum Menschen eine persönliche Seele besitzen" (Historisches Wörterbuch d. Philosophie I, 315), so scheint damit tatsächlich die Position Teilhards beschrieben zu sein. Nun ist bei dieser Frage nicht zu übersehen, daß man beinahe jede Theorie mit negativen Assoziationen umgeben kann, wenn man sie irgendeinem Ismus zuordnet. Was heißt aber ,,analog zum Menschen"? Wenn es bedeutet: ,,ähnlich wie der Mensch" oder gar ,,so wie der Mensch", so kann man Teilhard gewiß nicht als Animisten bezeichnen. Er wäre kein Anhänger der Evolutionstheorie, wenn er sagen wollte, die außermenschlichen Lebewesen und Dinge ständen kraft ihrer seelischen Struktur auf einer ähnlichen oder gleichen Organisationshöhe wie der Mensch. Folglich legt er denn auch Wert auf die Feststellung, daß Bewußtsein zwar eine universelle Eigenschaft darstellt, aber ,,unter dem Vorbehalt, daß die in Frage stehende Eigenschaft sich jeweils proportional zu der Komplexität jeder in Betracht gezogenen Korpuskelart verändert" (ZM 174, AH 165). Dies ist zweifellos eher im Sinne der klassischen Proportionalitätsanalogie gedacht, in der die Analogie als Beziehung von Beziehungen gedeutet wird. Teilhard will offenbar sagen, daß jedes Ding eine Struktur oder Form besitzt, die auf der spezifischen Ebene des Dinges ähnliche Funktionen erfüllt wie das, was wir beim Menschen ,,Bewußtsein", ,,Seele" oder ,,Geist" nennen. Verleiht man dem Ausdruck ,,analog zum Menschen" diese Bedeutung, so steht freilich nichts im Wege, Teilhard einen Animisten zu nennen; auch Aristoteles, Thomas von Aquin und selbstverständlich Leibniz fallen dann unter diese Kategorie. Eine terminologische Unsauberkeit – die Teilhard freilich wiederum mit Leibniz verbindet – bestände dann allenfalls noch darin, daß er die Begriffe ,,Seele", ,,Geist", ,,Bewußsein" weitgehend synonym verwendet.

Was sind das aber für Strukturen und Funktionen, die Teilhard veranlassen, auch nicht-menschlichen Wesen Seele und gar Geist bzw. Bewußtsein zuzuerkennen? An den Stellen, an denen Teilhard sich mit dieser Frage beschäftigt, spricht er zumeist auch von der Innenseite der Dinge: ,,Die Dinge haben ihr *inneres Sein,* ihr ‚an sich', könnte man sagen." (MiK 43, PH 50) Diese Innenseite der Dinge, die eine universelle Eigenschaft jedes Seienden darstellt, betrachtet er nun nicht statisch, sondern von ihrer Funktion her – und die besteht darin, Elemente zu gruppieren, systematisch anzuordnen, so daß ein zentriertes, organisiertes Ganzes entsteht. Je komplexer dieses Ganze ist, d.h. je mehr Teile in eine systematische Ordnung gebracht werden, desto „innerlicher", d.h. zentrierter ist es. Der Innerlichkeit einer Sache entspricht ihr Grad von Komplexität, die von Teilhard definiert wird als die „Eigenschaft, 1. aus einer größeren Zahl von Elementen gebildet zu sein, die 2. untereinander enger organisiert sind." (ZM 142/143, AH 137) So besitzt jedes Ding, welches sich selbst organisiert, auch eine Innenseite, die ihm Einheitlichkeit verleiht: „Das Atom, das Molekül, die Zelle, das Lebewesen sind *wahre* Einheiten, weil sie sowohl zusammengesetzt als auch zentriert sind. Ein Wassertropfen, ein Sandhaufen, die Erde, die Sonne, die Gestirne ganz allgemein dagegen ... scheinen keinerlei Organisation, keinerlei ‚Zentriertheit' zu besitzen." (ZM 144, AH 138) Die Termini „Seele", „Geist", „Bewußtsein" sind somit nur andere Ausdrücke für die Konzentrationskraft, die jedes Ding zusammenhält. Je größer diese Kraft ist, desto komplexer ist eine Sache und desto mehr Bewußtsein bzw. Innerlichkeit besitzt sie: „Geistige Vervollkommnung (oder bewußte ‚Zentriertheit') und stoffliche Synthese (oder Komplexität) sind nur die beiden Seiten oder die zusammenhängenden Teile ein und derselben Erscheinung." (MiK 50, PH 57) Teilhard spricht in diesem Zusammenhang auch von zwei Brennpunkten, die das Ding ellipsenartig zusammenschließen und voneinander abhängen: „ein Brennpunkt stofflicher Organisation und ein anderer von psychischer Konzentration. Beide verändern sich solidarisch, im selben Sinn." (ebd.)

Es ist somit klar, daß ein Molekül, eine Pflanze, ein Tier nicht in derselben Weise „Seele" und „Bewußtsein" besitzen wie der Mensch, der viel zentrierter und „innerlicher" ist, also eine höhere Organisationsstufe einnimmt, aber es ist ebenso klar, daß von innen kommende Organisation, systematische Anordnung nicht erst mit dem Menschen beginnen. Auch die außermenschlichen Dinge besitzen ein „Innen", welches sie über den Status äußerlich-mechanischer Determinierbarkeit erhebt: „Sollen die Dinge, außen determiniert und innen ‚frei', infolge dieser Zweisamkeit nicht aufeinander rückführbar und ohne gemeinsames Maß sein?" (MiK 47, PH 54) Teilhard antwortet selbst auf diese Frage; „halten wir nur fest, daß in *qualitativer* Hinsicht die Annahme, daß ein scheinbar mechanisches Universum sich aus ‚Freiheiten' aufbaut, keinen Widerspruch bedeutet, – vorausgesetzt, daß diese Freiheiten einen genügend hohen Grad von Geteiltheit und Unvollkommenheit aufweisen."

Man kann Teilhard somit vorwerfen, daß er die Bedeutung von Ausdrücken wie „Geist" und „Bewußtsein", die in der Regel für spezifische Eigenschaften des Menschen verwendet werden, über Gebühr ausgedehnt habe, aber man kann ihm nicht vorwerfen, daß er selbst diese Ausdehnung verschleiert habe. Wer die Texte wirklich zur Kenntnis nimmt, ist eigentlich nie im unklaren darüber, daß „Bewußtsein" für Teilhard nur ein anderer Ausdruck für die Innenseite der Dinge ist. Beim Menschen zeigt sich diese Innenseite als *reflektiertes* Bewußtsein (vgl. z. B. ZM 286, AH 281) oder Selbst- bzw. Ichbewußtsein (vgl. MiK 164ff., PH 180ff.). Wird der Vorwurf des Animismus *als* Vorwurf trotzdem aufrechterhalten, so besagt er entweder, daß es diese Innenseite der Dinge in Wirklichkeit gar nicht gebe, oder er besagt gar nichts. Teilhard selbst gibt ohne Zögern zu, daß wir direkt „nur eine einzige Innerlichkeit in der Welt" wahrnehmen: „die unsere" (MiK 143, PH 156). „Auf dem Grund unserer selbst erscheint unzweifelhaft ein Inneres, wie durch einen Riß gesehen, im Herzen der Wesen. Dies genügt, daß wir die Existenz dieses ‚Innen' in diesem oder jenem Grade überall und seit jeher in der Natur voraussetzen müssen." (MiK 45, PH 52) Ob unsere Selbsterkenntnis wirklich genügt, um das Innen auch bei anderen Wesen voraussetzen zu können oder gar zu müssen, ist natürlich eine Frage, über die man streiten kann. Teilhard ist sich darüber im klaren, daß die Wissenschaft bisher zumeist andere Wege gegangen ist, beruft sich aber immerhin auf den Biochemiker J. B. S. Haldane (1892–1964), der darauf hingewiesen habe, bisher sei in der „bloßen" Materie kein Bewußtsein oder Leben gefunden worden; man müsse aber damit rechnen, „sie schließlich, zumindest in einfachster Form, überall im Universum wiederzufinden." (MiK 46, PH 53) Mittlerweile gibt es viele Physiker und andere Naturwissenschaftler, die diesem Gedanken durchaus nicht mehr ablehnend gegenüberstehen. Dies geht sehr deutlich aus Berichten über die 34. Tagung der Nobelpreisträger in Lindau (Sommer 1984) hervor, in welcher G. Wald erklärte: „Geist und Bewußtsein waren von Anfang an da, nicht erst am Ende der Evolution", aber auch aus vielen neueren Publikationen. So spricht Fr. Capra von den Ähnlichkeiten in den Strukturen von Geist und Materie (1983, 90) und vermutet, daß die „Strukturen von Materie und Strukturen von Bewußtsein mehr und mehr als Spiegelungen voneinander erkannt werden" (ebd., 100/101). Der verbindende Begriff ist dabei ähnlich wie bei Teilhard de Chardin der der Ordnung. Gr. Bateson nennt in „Geist und Natur" sechs Kriterien für geistige Prozesse (1982, 113f.), deren Anwendungsbereich weit über den Menschen und sogar über das, was man in der Regel als lebend bezeichnet, hinausreichen. Er meint zwar irrtümlich, Teilhard de Chardin habe auch noch „für die kleinsten Atome", d.h. für die Wesen, die selbst keine Teile mehr aufweisen, ein geistiges Streben angenommen (vgl. 115), kommt aber in Wahrheit mit seiner Bestimmung, „daß der geistige Prozeß immer eine Abfolge von Wechselwirkungen *zwischen* Teilen ist" (ebd.), Teilhards Position sehr nahe, da dieser keineswegs die Auffassung vertrat, die Atome seien einfache, ungegliederte Einheiten.

Mit der Annahme geistiger Strukturen in der Materie will Teilhard darauf hinweisen, daß jedes Tier, jede Pflanze, jedes stoffliche Wesen überhaupt mit einem inneren Organisations- und Steuerungsprinzip ausgestattet ist, welches ihm Identität und in gewisser Weise auch Spontaneität, auf jeden Fall Ganzheitlichkeit verleiht. Jedes Ding wird dadurch prinzipiell über den Status eines bloßen Spielballs äußerer Kräfte, die selbstverständlich *auch* wirksam sind, erhoben. Er ist sich im übrigen selbst darüber im klaren, daß er mit einer solchen Auffassung gegen den Zeitgeist verstößt. Der moderne Mensch, so sagt er, sei von dem Verlangen besessen, das, was er am meisten bewundere, zu entpersönlichen. Die wissenschaftliche Analyse löse Ganzheit um Ganzheit auf und lasse so eine Seele nach der anderen entweichen, „bis wir uns schließlich vor einem Haufen zerlegter Mechanismen und zergehender Teile" (MiK 265, PH 286) befänden.

Bisher hat sich ergeben: „Ganzheitliches Denken" besagt für Teilhard in Abgrenzung von der cartesianischen Tradition einmal, daß der Mensch selbst nicht zusammengesetzt ist aus zwei Teilen, nämlich Denken und Ausdehnung, die im Grunde nichts miteinander zu tun haben, sondern daß er eine Ganzheit darstellt, in der die einzelnen Momente, Seele bzw. Geist und Leib, wesenhaft aufeinander bezogen sind. Es bedeutet zum andern, daß die gesamte materielle Welt ähnliche Strukturen aufweist, ein Gefüge von inneren und äußeren Organisationsprinzipien darstellt, also ebenfalls „Geist" besitzt.

Die *zweite* Gegenposition, die Teilhard antithetisch auf sich bezieht, ist die der Existenzphilosophie, zu der er, wie bereits erwähnt, ein recht kritisches Verhältnis hat. Was ihn an der Existenzphilosophie stört, ist nicht nur deren Morbidität, ihr fasziniertes Starren auf die Tragik menschlicher Existenz; es ist auch die Apotheose des Einzelnen, des bloß individuellen Daseins, welches seit Kierkegaard immer wieder als Leitmotiv hervortritt. Natürlich ist auch für Teilhard der Mensch ein Individuum, ein einzelnes Wesen mit individuellen Neigungen, Bedürfnissen, Fragen und Ängsten – aber er ist nicht *nur* das. Teilhard macht einen bezeichnenden Unterschied zwischen Personalität und Individualität, wobei er sich auf eigenartige Weise mit Martin Buber berührt, den er aber wohl nicht gekannt hat. Das Individuum, so sagt er, sei gleichsam ein Element, welches sich absondere, aber: „Unser endgültiges Wesen, der Gipfel unserer Einzigartigkeit, ist nicht unsere Individualität, sondern unsere Person. Doch diese können wir, da die Evolution die Struktur der Welt bestimmt, nur in der Vereinigung finden." „Das wahre *Ego* wächst in umgekehrter Proportion zum ‚Egotismus'." (MiK 271, PH 292) Eben diesen Egotismus, dieses willentliche Sicheinschließen in die eigene Einsamkeit, macht er der Existenzphilosophie zum Vorwurf. Es kommt nicht einmal so sehr darauf an, ob Teilhard mit diesem Verdikt richtig liegt. In diesem Fall gilt es vielleicht für Sartre und den frühen Heidegger, sicher aber nicht für Jaspers und Merleau-Ponty, der ganz ähnlich wie Teilhard sagte, man müssen entgegen der cartesianischen Tradition den Tieren und selbst den toten Dingen ihre ,,Seele" zurückerstatten.

In unserem Zusammenhang kommt es mehr darauf an, daß sich in der Kritik an der Existenzphilosophie ein wichtiger Aspekt des ganzheitlichen Denkens zeigt, wie Teilhard es versteht. Den Menschen begreifen heißt für ihn: über seine Individualität hinaus verstehen, daß der Mensch Person ist, d. h. einerseits unverwechselbares Ich, andererseits aber gerade deswegen unvertretbarer ,,Teil" eines größeren Ganzen, mit welchem er in lebendiger, organischer Wechselbeziehung steht. Dieses größere Ganze sind für den Einzelnen zunächst soziale Einheiten – Familie, Gruppe, Staat, letztlich die Menschheit selbst, deren Einheit ihm besonders am Herzen liegt – es ist aber darüber hinaus die Natur, ja der gesamte Kosmos, in welchem der Mensch wesenhaft verwurzelt ist. Man muß dies richtig einordnen: natürlich hat auch Descartes, haben auch die Existenzphilosophen gewußt, daß der Mensch kein weltloses Wesen ist, sondern auf der Erde wohnt, mit der er sich folglich irgendwie arrangieren muß. Aber sie haben den Menschen in seinem *Wesen* nicht von diesen Wechselbeziehungen her begriffen, die kosmischen Wurzeln des Menschen erscheinen eher als etwas Zufälliges oder gar Lästiges, welches seiner Eigentlichkeit und Freiheit entgegensteht, aus der Perspektive Teilhards: sie haben nicht begriffen, daß der Mensch in seinem Wesen mit dem Kosmos verbunden ist, mit ihm zusammen eine Ganzheit darstellt.

Diese kosmische Betrachtung des Menschen ist ein weiteres wichtiges und auch konstantes Moment im Denken Teilhards. Bereits im Jahre 1920 schreibt er in einer ,,Bemerkung zum Fortschritt": ,,Unsere Väter glaubten, . . . jeder in sich den letzten Wert ihrer Existenz zu tragen." ,,Durch unsere Entdeckungen gedemütigt und gewachsen, entdecken wir (jedoch) allmählich, daß wir in ein unermeßlich Weiterführendes verwickelt sind; und, wie aus einem Traum erwacht, begreifen wir, daß unser Königtum darin besteht, als intelligente Atome dem im Universum begonnenen

Werk zu dienen. Wir haben entdeckt, daß es ein Ganzes gibt, und wir sind seine Elemente." Und ein wenig später: „Daß wir nach und nach unserer physischen Beziehungen mit allen Teilen des Universums bewußt werden, stellt ein wirkliches Größerwerden unserer Personalitäten dar. Diese Bewußtwerdung ist wirklich eine fortschreitende Beseelung der Gesamtheit der jeden von uns umgebenden Dinge." (ZM 30, AH 29) Der Mensch als Teil eines Ganzen, welcher seine Identität, seine Personalität in der Ausgestaltung seiner Beziehung zu diesem Ganzen findet – das ist die Teilhardsche Anthropologie, die, recht betrachtet, gleichzeitig eine Kosmologie darstellt. Wenn Ökologie soviel besagt wie „Wissenschaft von den Wechselbeziehungen zwischen den Lebewesen und ihrer Umwelt" (Duden, Bd. 5), so könnte man seine Konzeption auch als ökologisch bezeichnen.

Übrigens wirkt sich diese kosmische Sicht natürlich auch auf die religiösen Überzeugungen Teilhards aus: er ist zwar primär kein Theologe, aber daß seine Lehren theologische Konsequenzen haben, sieht man schon an den Schwierigkeiten, die er mit seinem Orden und der katholischen Kirche hatte. Christus erscheint in seiner Sicht vor allem als der wiederkommende Christus, der sich „organisch mit der Majestät seiner Schöpfung" (MiK 308, PH 331) „umkleidet". Er erlöst nicht nur die Menschheit, sondern vollendet das, was der Mensch auf unvollkommene Weise versucht: die Vereinigung von All und Person. Vor allem in „Le Milieu Divin" (Dt. „Der Göttliche Bereich") führt Teilhard in einer sehr bildreichen Sprache aus, daß nicht nur der Mensch, sondern alle Dinge sich in Christus vollenden: „. . . die Inkarnation wird erst vollendet sein, wenn der Teil erwählter Substanz, den jedes Objekt einschließt – . . . – sich mit dem endgültigen Zentrum seiner Verbindung verbunden hat." (GM 45, MD 49) Vom Geist Gottes heißt es: „Weder zerstört er die Dinge, noch zwingt er sie: vielmehr befreit er sie, richtet sie aus, verklärt sie, beseelt sie. Er läßt sie nicht im Stich: vielmehr steigt er empor, indem er sich auf sie aufstützt und mit sich zieht, was sie an Erwähltem enthalten." (GM 171, MD 177) Obwohl Teilhard sich dabei auf die Briefe des Apostels Paulus und übrigens auch auf eine frühe patristische Tradition berufen konnte, kann man doch die Befürchtungen vieler Theologen verstehen, angesichts solcher Visionen könne die Rolle des historischen Christus, das, was man als das ,,Christusereignis" bezeichnet, zu kurz kommen.

Übrigens ist die kosmische, auf universelle Einigung bedachte Sichtweise Teilhards sicherlich auch Reflex seines eigenen Lebens, welches zwar keine kosmischen, aber immerhin erdhafte Dimensionen aufweist: Jersey, Kairo, England, Paris, China, New York – dies sind die Stationen, an denen er sich länger aufhielt. Hinzukommen die zahlreichen Forschungsreisen in die entferntesten Gegenden – es nimmt nicht wunder, daß so jemand in globalen Kategorien denkt. Psychologisch verstärkt wird dieser immer wieder beschworene Einigungsdrang sicher zusätzlich durch die für ihn leidvollen Erfahrungen des Unfriedens, in welchem die Institution, auf deren Einverständnis er so großen Wert legte, mit ihm lebte.

Kehren wir zurück zur Skizzierung des ganzheitlichen Denkens. Bisher wurden drei Akzente hervorgehoben; der erste war die Überwindung des Geist-Körper-Dualismus im Menschen, der zweite war die Auffassung Teilhards, daß auch im außermenschlichen materiellen Sein geistige, bewußtseinsanaloge Strukturen zu finden sind, der dritte war die wesenhafte Einbindung des Menschen in die materielle Welt, die kosmische Dimension, in welcher Teilhard den Menschen sieht.

Es kommt noch etwas Viertes hinzu, welches die drei Aspekte miteinander verbindet und erst die spezifisch Teilhardsche Weltsicht ausmacht. Dieser vierte Aspekt ist die *Entwicklung,* in welcher sich nach Teilhard der gesamte Kosmos einschließlich des Menschen befindet. Das Ineinander von Materie und Geist, die Einbindung des Menschen in die stoffliche Welt sind nichts Statisches, etwas, was ein für allemal da wäre. Vielmehr strebt diese Einheit immer höhere, komplexere Stufen an, und viel, wenn nicht alles, hängt davon ab, daß der Mensch seine Rolle in diesem Prozeß richtig begreift. Er begreift sie erst dann, wenn er sieht, daß seine Einbindung in die organische Welt von ihm selbst gestaltet und weiterverantwortet werden muß. Wie kommt Teilhard zu dieser dynamischen Sichtweise?

Bei der Behandlung dieser Frage darf man nicht vergessen, daß Teilhard sich selbst nicht vorwiegend als Philosoph verstand, sondern als Naturwissenschaftler, und er hat sich wohl zeit seines Lebens nicht von der Vorstellung befreien können, die von ihm gesehenen Strukturen hielten nicht nur einer wissenschaftlichen Überprüfung stand, sondern ergäben sich fast zwangsläufig aus der Naturwissenschaft. Daß dies nach modernen wissenschaftstheoretischen Maßstäben nicht der Fall ist, liegt auf der Hand. Aber Teilhard war immerhin selbst Wissenschaftler, und zwar Paläontologe. Seine Leistungen auf diesem Gebiet, insbesondere sein Anteil bei der Entdeckung und Einordnung des Sinanthropus Pekinensis, des Peking-Menschen, sind nicht zu bestreiten und durch die Ernennung zum nicht-residierenden Mitglied des Institut de France der Akademie der Wissenschaften – der höchsten wissenschaftlichen Institution Frankreichs – honoriert worden. Was bei Peking gefunden wurde, beschreibt Teilhard so: „Kieferknochen und Bruchstücke des Schädels eines sehr merkwürdigen Anthropoiden oder Hominiden; das Gebiß ganz menschlich, die Form des Kiefers typisch vom Affen, der Schädel von ganz menschlichen Dimensionen." (GVE 139, LV 126) Dieser Fund, so meint er selbst, werde den Gegnern der Auffassung, daß man die evolutionäre Transformationslehre auch auf den Menschen übertragen müsse, den Gnadenstoß versetzen.

Hier haben wir die Verbindung zwischen dem, was man Teilhards Selbsteinschätzung zum Trotz philosophische Spekulation nennen kann, und seinen fachwissenschaftlichen Erkenntnissen. Am Anfang steht, wie bereits erwähnt, die Intuition einer ontologischen, totalen Drift des Universums. Diese präzisiert sich wissenschaftlich zur Transformationslehre, d.h. zu der Lehre, daß „die lebenden Formen eine *natürliche Verbindung* von Dingen bilden, die derart verbunden sind, daß wir uns *wissenschaftlich die Geschichte ihres aufeinanderfolgenden Auftretens und ihrer aufeinanderfolgenden Expansionen vorstellen können.*" (SV 222, VP 214). Dies ist keine sehr präzise Beschreibung der Transformation der Arten, aber vielleicht doch so präzise, wie die Sache es zuläßt. Sicher will Teilhard in der Sache über die bloße Aufeinanderfolge der Formen, so wie sie etwa im Kausalitätsbegriff Kants intendiert ist, hinaus. Aus der Aufeinanderfolge wird wieder eine Auseinanderfolge. Die einzelnen Faktoren aber bleiben im einzelnen so unbekannt, daß metaphysische Deutungen dieses Prozesses nicht nur nicht ausgeschlossen sind, sondern sich geradezu anbieten. Was Teilhard von der Entstehung des Denkens sagt, gilt im Grundsatz für jede neue Lebens- und Seinsstufe: „Intervall, das ‚unerfahrbar' ist, über das wir wissenschaftlich nichts aussagen können, jenseits dessen wir uns aber auf eine biologisch völlig neue Stufe erhoben finden." (MiK 173, PH 189) Sicher kann man sagen, daß die Bildung einer neuen Lebensstufe gleichzeitig ein höheres Komplexitätsniveau bedeutet. Wir sahen bereits, daß das Niveau der Komplexität gleichzeitig das Niveau der Innerlichkeit, der Zentriertheit einer Stufe indiziert. Bis zu einem gewissen Grade kann sich eine Stufe unwesentlich ändern, indem immer neue Elemente assimiliert werden. Ihre Identität, man möchte fast sagen: ihre Substanzialität, ändert sich dadurch nicht. Als Bezeichnung dessen, was bei der Bildung einer neuen Lebensstufe geschieht, benutzt Teilhard auch des öfteren den Terminus „kritischer Punkt": „Auf jedem Gebiet verändert eine Größe, wenn sie genügend gewachsen ist, jäh ihr Aussehen, ihren Zustand oder ihre Natur: Die Kurve ändert ihre Richtung, die Fläche zieht sich zu einem Punkt zusammen, der feste Körper stürzt ein, der flüssige kocht, das Ei spaltet sich ... Kritische Punkte, Zustandsänderungen, Stufen am Abhang." (MiK 70, PH 78). Der „Kritische Punkt" in der Evolution des Lebens bezeichnet genau den „Sprung" von einer Lebensstufe zur anderen. Wissenschaftlich läßt sich nur feststellen, daß hier zwei Komplexitätsstufen aufeinander, besser: auseinander folgen, daß dem „Sprung" zur nächsten Stufe ein Zustand höchster Spannung vorangegangen sein muß, ohne daß wir aber die wirklichen Ursachen kennen. Teilhard weist ausdrücklich darauf hin, daß er bei der Darstellung dieses Verhältnisses nur die Phänomene beschreibt, „ohne einem Urteil über das Wirken der tieferen Ursachen, die das ganze Spiel leiten, vorzugreifen." (MiK 169, PH 186) Der „nicht rationalisierbare Rest", die Nichtdeduzierbarkeit eines höheren Integrationssystems aus einem niederen (K. Lorenz, 1973, 54f.), werden von Teilhard nicht in Frage gestellt.

Wir halten fest: Teilhard nimmt die Evolutionslehre und den Transformismus als erwiesen an. Die einzelnen Stadien der Evolution beschreibt er in einer kraftvollen, bilderreichen Sprache, ohne die Grenzen zu übersehen, die der streng wissenschaftlichen Erfassung hier gesetzt sind. Der Mensch bildet im Evolutionsprozeß das vorläufige Ende einer Reihe, in der eine Stufe aus der anderen hervorgeht, eine Form die Vorstufe zu einer neuen, höheren, bildet. Dieser Prozeß beginnt nicht erst mit dem Leben, vielmehr werden auch die nicht-lebenden Formen miteinbezogen.

Es wurde gesagt, daß Teilhard sich bei der Darstellung der Evolutionslehre der Grenzen naturwissenschaftlicher Forschung bewußt sei. Trotzdem kann man den Wissenschaftler und den spekulativen Denker nicht voneinander trennen – bei Teilhard noch weniger als sonst. Spekulation und wissenschaftliche Analyse gehen eine eigenartige Symbiose ein, die man insgesamt als ,,Evolutionsmetaphysik" bezeichnen kann. Dies zeigt sich nicht zuletzt an seiner Version des Transformismus. ,,Transformismus" – das heißt für ihn nicht, daß in der Evolution etwas völlig Neues auftaucht, etwas, was vorher auf keine Weise vorhanden gewesen wäre. ,,Wo käme denn ein Ding sonst her, wenn es nicht längst schon fertig wär", sagt Goethe in den Zahmen Xenien. Denselben Gedanken, übertragen auf die Evolutionslehre, fomuliert Teilhard als ,,Leitmotiv" für ,,Le Phénomène Humain": ,,Nichts in der Welt könnte über die verschiedenen (...) Schwellen der Entwicklung hinweg eines Tages als Endzweck in Erscheinung treten, was nicht schon anfangs dunkel vorhanden gewesen wäre." (MiK 61, PH 69/70) Teilhard sieht also in der kosmischen Entwicklung einen Zweck am Werk, der die einzelnen Entwicklungsphasen leitet, und das ist zweifellos ein spekulatives Moment seines Denkens.

Was ist das, was da anfangs schon dunkel vorhanden sein muß, um später als Endzweck in Erscheinung zu treten? Erinnern wir uns an die beiden zuerst geschilderten Aspekte ganzheitlichen Denkens bei Teilhard de Chardin: es ging dort um die Überwindung des cartesianischen Dualismus von Geist und Materie – innerhalb, aber auch außerhalb des Menschen. Wenden wir diesen Gedanken auf die evolutionäre Transformationslehre an, so ergibt sich eine Stufenfolge, deren erstes Glied nicht „nur" Materie im üblichen Sinne, sondern auch schon Geist, wenn auch auf anfängliche, unentfaltete Weise enthält. Er meint damit, wie bereits dargelegt, ein inneres Organisationsprinzip, welches aus dem Ding mehr macht als einen Spielball äußerer Kräfte, ihm also eine gewisse Spontaneität verleiht. Um das Verhältnis von Innen und Außen zu beschreiben, benutzt Teilhard häufig den Begriff der Energie, ohne ihn allerdings exakt zu definieren. Man kann durchaus sagen, daß es sich aus der Perspektive Teilhards um einen Grundbegriff der Evolutionslehre handelt, der selbst dringend der Aufhellung bedarf. Die physikalische Energie ist die Kraft, mit der die Körper aufeinander einwirken; sie macht, wie Teilhard nicht sehr präzise sagt, „das Element mit allen Elementen solidarisch ..., die im Universum derselben Ordnung angehören." (MiK 54, PH 62) Das, was Teilhard hier und an anderen Stellen als „tangentiale Energie" bezeichnet, entspricht also in etwa dem Energiebegriff der Naturwissenschaften. Teilhard kennt aber noch eine andere Form der Energie, die er „radiale Energie" nennt. In der zitierten Stelle aus „Le Phénomène Humain" erkennt er dieser Energieform die Funktion zu, das Element „in der Richtung nach einem immer komplexeren und zentrierteren Zustand vorwärts" (ebd.) zu ziehen. Diese radiale Energie zieht aber das Ding nicht nur über sich hinaus zu einem höheren Zustand der Komplexität, es verleiht ihm gleichzeitig – so lange es besteht – seine innere Identität bzw. Zentriertheit. Je mehr radiale Energie ein Ding besitzt, desto komplexer ist es und desto stärker ist es auf sich zentriert, man könnte auch sagen: desto mehr „Innerlichkeit" besitzt es und desto weniger ist es äußeren Determinismen ausgeliefert: „Je weniger, ..., ein Element zentriert ist (das heißt, je schwächer seine radiale Energie ist), in um so mächtigeren mechanischen Wirkungen äußert sich seine tangentiale Energie." (ebd.)

Die radiale Energie hat also zwei Funktionen: sie zentriert das einzelne Ding auf sich selbst hin und bestimmt gleichzeitig die Gesamtrichtung der Evolution auf immer höhere Komplexität hin. Dabei ist die radiale Energie auf die tangentiale Energie angewiesen, so wie ja generell die Innenseite der Dinge die Außenseite voraussetzt, was freilich genauso umgekehrt gilt. Die radiale Energie, die sich physikalisch nicht messen läßt, stellt eine Art Organisationsprinzip dar und benötigt hierzu die tangentiale, „äußere" Energie, die von ihr gleichsam in Dienst genommen wird. Die Art des Ineinandergreifens beider Energieformen stellt für Teilhard freilich ein Problem dar, welches er wohl auch nach eigener Einschätzung nicht befriedigend gelöst hat. Er erörtert das Verhältnis beider Energieformen unter dem Titel: „Die geistige Energie" (énergie spirituelle) (MiK 51, PH 59) und sagt: „Nehmen wir an, daß im wesentlichen jede Energie psychischer Natur ist. Jedoch in jedem Elementarteilchen, ..., teilt sich diese Grundenergie in zwei verschiedene Komponenten: eine *tangentiale Energie*, ..., und eine *radiale Energie*." (ebd.) An dieser Stelle ebenso wie an anderen Stellen bleibt offen, ob die radiale Energie nicht eigentlich psychische Energie ist, so daß die Wahl des Oberbegriffs nur die Priorität der beiden Energieformen angäbe. Die radiale Energie bestimmt die Komplexitätshöhe, und „Komplexität" ist zwar ein Zustand der Materie, aber nur als unmittelbarer Ausfluß des Inneren. Th. Broch sagt so mit Recht: „‚Radialität' ist die irreversible Grundtendenz, die Achse des evolutionären Werdens und mit diesem identisch, Streben zu und Selbstverwirklichung von psychischer Aktivität, Indeterminiertheit, Bewußtsein, Geist, Freiheit." (1977, 93)

Einige Jahre später (1953) spricht Teilhard erneut von zwei Formen der Energie und meint in diesem Zusammenhang, das Psychische sei das „‚wahrhaft' konstituierende Phänomen", während er – zumindest in Frageform – „die ganze Thermodynamik als einen unbeständigen und augenblickshaften Nebeneffekt der Sammlung dessen" bezeichnet, „was wir ‚Bewußtsein' oder ‚Geist' nennen." (LE 272, AE 416) Allerdings benutzt er hier nicht den Ausdruck „radial", sondern spricht von einer „axial" wachsenden Energie. Mögen Terminologie und Funktionszuweisungen hier im einzelnen nicht eindeutig sein, die Intention Teilhards bei der Ansetzung einer „radialen" Energie ist es sehr wohl: es geht ihm ganz offensichtlich darum, die „Innerlichkeit" des Dinges, die man in der klassischen Metaphysik der Form zuweist, näher zu charakterisieren und zu begründen. Daß dies zwar spekulativ, aber heutigem naturwissenschaftlichem Denken durchaus nicht völlig fremd ist, mag die Feststellung Fr. Capras zeigen, der unter Berufung auf den Nobelpreisträger I. Prigogine schreibt: „Dissipative chemische Strukturen demonstrieren die Dynamik der Selbstorganisation in ihrer einfachsten Form, wobei die meisten für das Leben charakteristischen Phänomene auftreten – Selbsterneuerung, Anpassung, Evolution und sogar primitive Formen von ‚geistigen' Prozessen." (1983, 300) Dies ändert freilich nichts daran, daß Teilhards Konzeption der radialen Energie spekulativ, also weder verifizierbar noch falsifizierbar ist.

Nun haben wir den Begriff der radialen Energie im Zusammenhang mit dem Grundbegriff der Evolution, dem des Transformismus, eingeführt. Um diesen Zusammenhang zu verdeutlichen, müssen wir uns an die andere Funktion der radialen Energie erinnern: sie stabilisert ja nicht nur das Einzelwesen, sondern bewirkt auch eine Art von Selbstranszendenz, die Voraussetzung für die Bildung neuer und höherer Einheiten ist. Die radiale Energie wird so zur Triebkraft der Evolution, sie bewirkt immer höhere, d. h. komplexere Einheiten bis hin zum Menschen und durch den Menschen hindurch bis hin zum Punkt Omega, dem höchsten Einheitspunkt, der zugleich die denkbar höchste Komplexitätsstufe darstellt. Lassen wir die theologischen Fragen, die sich hier zwangsläufig stellen, einmal beiseite, so ergibt sich, daß das gesamte kosmische Geschehen ein Werden des Geistes darstellt, eine geistige Organisation der Erde, an der der Mensch wesentlichen Anteil hat, ohne daß er selbst das letzte Ziel dieser Entwicklung darstellt. Die Welt, so kann man mit Teilhard sagen, entwickelt sich zu einem immer geistigeren, d. h. innerlicheren, freieren, aber auch komplexeren Zustand hin. Es steht außer Zweifel, daß Teilhard hier teleologisch denkt. Das, was die Entwicklung von vornherein lenkt und in dieser Lenkungsfunktion, also als „Zweck" oder „Ziel" auf der einen, als anfängliche, noch unentfaltete Realität auf der anderen Seite, auch von Beginn an „da" ist, ist der

Geist. Da die gesamte kosmische Entwicklung in dieser Konzeption eine Selbstentfaltung des Geistes darstellt, kann man sagen, daß Teilhard sich im Grunde nur an dem aristotelisch-thomistischen Grundsatz orientiert: primum in intentione est ultimum in executione (das Erste in der Absicht ist das Letzte in der Ausführung). Dies ist Teleologie und auch Metaphysik. Wer dies als Einwand gegen Teilhard ins Feld führen möchte, der sollte freilich bedenken, daß die Gegenthese (die Evolution verläuft nicht zielgerichtet, sondern nach dem Zufallsprinzip – so J. Monod in ,,Zufall und Notwendigkeit") ebenfalls eine metaphysische Position darstellt.

Zur Beurteilung der Teleologie im Denken Teilhards ist dreierlei zu bemerken: Erstens ist er sich – wenigstens an manchen Stellen – im klaren über die Grenzen, die dem wissenschaftlichen Erkennen in dieser Frage gesetzt sind. Unterhalb des Menschen ist die Finalität nicht wahrnehmbar (vgl. ZM 262, AH 258); aus diesem Grunde spielt sich unterhalb dieses ,,kritischen Wertes" ,,alles so ab, als ob das Leben automatisch aufstiege." (ebd.) Dies scheint gar nicht so weit entfernt zu sein vom Teleonomie-Prinzip Pittendrigh's, welches nach K. Lorenz von der Teleologie so verschieden sein soll wie die Astronomie von der Astrologie. Allerdings ist zu konzedieren, daß Teilhard solche Abgrenzungen nur zuweilen vornimmt. Zweitens sieht Teilhard zwischen dem Zufallsspiel der großen Zahlen und teleologischer Steuerung keinen Gegensatz. Ähnlich wie die radiale Energie auf die tangentiale Energie angewiesen ist – jedenfall in der bisherigen Evolution –, ist das Fortschreiten des Lebens auf den Zufall angewiesen: ,,In Wirklichkeit schreitet das Leben nur dank glücklicher Zufälle fort, aber glückliche Zufälle, die erkannt und ergriffen, – das heißt psychisch gewählt werden." (MiK 149, PH 163) Teilhard spricht in diesem Zusammenhang auch von ,,geplantem Zufall" (MiK 105, PH 116). Insgesamt kann für ihn aber kein Zweifel daran bestehen, daß dem ,,Plan" (Ziel) die dominierende Funktion zufällt. Drittens stehen sich naturwissenschaftliches und teleologisches Denken heute nicht mehr so fremd oder gar gegensätzlich gegenüber, wie dies Teilhard, der sich selbst als Außenseiter empfand, zu seiner

Zeit erscheinen mußte. Das Gesetz der aufsteigenden Komplexität hat bei ihm zwar metaphysischen Charakter, ist aber auch auf naturwissenschaftlicher Ebene inzwischen vielfach bestätigt worden, vor allem durch die bereits erwähnten Forschungen I. Prigogines. R. Lay spricht in diesem Zusammenhang von der „Tendenz der Natur (...), ihre ökologischen Probleme dadurch zu lösen, daß sie komplexere Strukturen ausbildet." (o.J., 247), und meint, durch die Arbeiten Prigogines u. a erscheine „die Darwinsche Vermutung von der totalen Ateleologie [Ziellosigkeit] der Stammesentwicklung ... relativiert zu sein" (ebd. 248). Dies mag zutreffen. Sicher stehen manche neuere Entwicklungen auf naturwissenschaftlichem Gebiet teleologischem Denken nicht fern; von einem zwingenden wissenschaftlichen Beweis kann jedoch schon aus grundsätzlichen Erwägungen nicht die Rede sein: „Die Antwort auf die Frage: wann *müssen* wir teleologisch denken? lautet: nie. Wir *können* immer von teleologischen Strukturen eines Phänomens absehen ... Die Ausgangsfrage lautet nun aber: wann *können* wir teleologisch denken? Die Antwort ist ganz analog: immer." (Spaemann/Löw, 1981, 283) Teleologisches Denken im Rahmen einer ganzheitlichen Naturphilosophie kommt nie ohne metaphysische Voraussetzungen aus.

Der ganzheitliche Aspekt im Zusammenhang mit der Evolutionsmetaphysik Teilhards zeigt sich nun vor allem im Zusammenhang mit der Stellung des Menschen im Evolutionsgeschehen. Es kann nach dem Vorherigen nicht überraschen, daß Teilhard den Menschen mit allen seinen Erscheinungsformen und Leistungen voll in dieses Geschehen miteinbezieht. Der Mensch stellt die bisher höchste Stufe der Komplexität dar, und vieles hängt davon ab, daß er seine Rolle im Gesamtprozeß richtig definiert. Mit dem Auftreten des Menschen hört die Evolution auf, gleichsam blind ihrem Ziel zuzusteuern: sie kommt zum Bewußtsein ihrer selbst, erreicht eine neue, reflektierte Bewußtseinsstufe. Mit dem Menschen taucht eine neue Form der Evolution auf – darin liegt Kontinuität und gleichzeitig Diskontinuität. Kontinuität, weil das Auftreten des Menschen nur eine neue Bestätigung des Gesetzes aufsteigender Komplexität darstellt und der Mensch mit seinen Wurzeln tief in vormenschliches Leben hineinreicht; Diskontinuität, weil es sich bei dem Menschen eben doch um eine *neue* Stufe der Komplexität mit ihren Eigenarten handelt. Diese neue Eigenschaft besteht nach Teilhard vor allem im Selbstbewußtsein: „So benachbart der Mensch auch den anderen großen Primaten sein mag, ..., – psychisch unterscheidet er sich von allen anderen Tieren durch die absolut neue Tatsache, daß er nicht nur weiß, sondern auch weiß, daß er weiß." (ZM 385, AH 381) Darin liegt ein Doppeltes: erstens wird mit dem Auftreten des Menschen die bisher verborgene Finalität deutlich. Im Menschen verfügt die Evolution gleichsam über sich selbst, kann Umwege vermeiden, ihr Ziel schneller und direkter anstreben. Zweitens ist mit dem Selbstbewußtsein aber auch eine gewisse Selbstdistanz gegeben. Wenn die Evolution im Menschen über sich selbst verfügt, so ist damit auch die Möglichkeit gegeben, daß sie ihr Ziel verfehlt – durch das Handeln des Menschen. Mit steigender Komplexität wächst auch der Grad der Indeterminiertheit, also Freiheit an. Bei allem Optimismus, mit dem Teilhard die Zukunft der Menschheit betrachtet, läßt er doch an der *Möglichkeit* des Verfehlens keinen Zweifel: „Sie (= die Evolution) gewinnt ... die Freiheit, über sich selbst zu verfügen – sich selbst zu geben oder sich zu verweigern." (MiK 231, PH 250)

Was aber hat der Mensch zu tun, wenn er seine Aufgabe im Evolutionsprozeß richtig begreift? Da dieses Begreifen im wesentlichen eine Erfassung des Gesetzes aufsteigender Komplexität darstellt, so muß der Mensch nur bewußt an dieser Reihe mitarbeiten, also selbst Komplexitäten entwickeln, und zwar auf seine eigene, d. h. übergreifende Weise. Die Komplexität, die der Mensch hervorzubringen hat, ist nicht biologischer Natur. Aus seinen Aktivitäten geht kein neues „Tier" hervor; vielmehr muß sich seine Aktivität genau an der Bedeutung orientieren, die das Auftreten des Selbstbewußtseins im Evolutionsprozeß besitzt. Die Komplexität, die er zu gestalten hat, ist somit geistiger bzw. sozialer Natur. Sie greift über das Einzelwesen hinaus und bezieht sich in der Neuzeit mit zunehmender Deutlichkeit auf die Menschheit schlechthin. Komplexe Gebilde stellen im Unterschied zu Gebilden, die durch bloße Addition entstehen, Einheiten dar: ein Lebewesen ist eine Einheit, ein Sandhaufen nicht. Neue Komplexitäten zu bilden, ist also identisch mit der Aufgabe, soziale Einheiten zu entwickeln, und die Zielperspektive, von der sich der Mensch des 20. Jahrhunderts bei der Wahrnehmung dieser Aufgabe leiten lassen muß, ist die Einheit der gesamten Menschheit. Dies ist in der Tat ein Gedanke, der von Teilhard immer wieder und mit wachsender Intensität und Emphase formuliert wird. Die Einmütigkeit (unaminité) der Menschheit – das ist für ihn das Ziel, das der Mensch unmittelbar anzusteuern hat: ,,Wie können wir uns vorstellen und hoffen, daß sich auf Erden die menschliche Einmütigkeit verwirklicht?" (ZM 371, AH 365), fragt er sich immer wieder. Seine Hoffnung, daß dieses Ziel erreicht wird, gründet sich auf die Beobachtung, daß ,,Liebe", ,,Solidarität" etc. keine Schlagwörter sind, die erst beim Menschen Bedeutung und Wirksamkeit entfalten: die Liebe, die zur Vereinigung drängt, ist eine Grundenergie des Lebens (ZM 78, AH 75), Phänomene der Gruppenbildung und Sozialisation gibt es auf den verschiedensten vormenschlichen biologischen Stufen, so daß der Mensch, der sich an dieses Prinzip hält, nichts Naturfremdes tut. Er führt vielmehr eine Tendenz der Natur auf bewußte, geplante Weise weiter. In dieser umfassenden, an Evolutionskategorien orientierten Betrachtungsweise fühlt sich Teilhard bestätigt durch konkrete Analysen moderner sozialer Entwicklungen, bei deren Deutung er zweifellos eine gewisse prophetische Begabung an den Tag legt. Im Jahre 1931 (!) konstatiert er ,,zuviel Eisen, zuviel Weizen, zuviel Automobile; und auch zuviel Diplome, Techniker und Handarbeiter – oder sogar zuviel Kinder" (ME 49, EH 45) und fragt: ,,Ist die Welt, da sie wächst, dazu verurteilt, automatisch, unter dem Übermaß ihres eigenen Gewichts erstickend, zu sterben?" (ebd.) Seine Antwort lautet: nein, sofern der Mensch erkennt, daß die Lösung dieser Aufgaben den engen nationalen Rahmen sprengen muß, eben jene ,,unanimité" erfordert, von der Teilhard immer wieder spricht: ,,Die Mittel, über die wir heute verfügen, die Kräfte, die wir entfesselt haben, können nicht von dem engen System individueller oder nationaler Rahmen aufgenommen werden, deren sich bisher die Architekten der menschlichen Erde bedienten." (ebd.)

Die wirtschaftlichen, technischen, militärischen, demographischen Probleme sind für Teilhard kein Anlaß, eine Umkehr des Prozesses zu fordern oder überhaupt für möglich zu halten, der zu ihnen geführt hat. Eine Rückkehr zu kleinen, überschaubaren Gemeinschaften mag im kleinen hilfreich und notwendig sein. Überträgt man diese Lösung auf die globale Ebene unter Implikation eines „Vergessens" technischer Entwicklungen, so wird daraus eine rückwärtsgewandte Utopie, die den aktuellen Erfordernissen nicht entpricht. Allein schon die geometrische Bevölkerungsprogression schließt solche Lösungen aus. Der Druck, den die genannten Probleme erzeugen, kann nicht dadurch aufgefangen werden, daß die Menschheit zu einem vorindustriellen Zustand zurückkehrt. Der positive Sinn dieses Drucks liegt vielmehr darin, daß sie es als ihre Aufgabe begreift, sich zu einer komplexen, die Eigenart der Teile bewahrenden Einheit zusammenzuschließen. Nur im Geiste einer weltweiten unanimité, im Geiste kooperativer Forschung können Probleme wie Arbeitslosigkeit, gerechte Verteilung materieller Güter, gleichmäßige Nutzung knapper werdender Ressourcen, Umweltverschmutzung, militärische Bedrohung etc. gelöst werden: „Der Mensch kann außerhalb einer Vereinigung mit allen anderen Menschen in Zukunft keinerlei Entwicklung erwarten." (MiK 253; PH 273) Schlichter: „Liebt euch, oder ihr geht zugrunde." (ME 207, EH 189) Diese Sicht der Dinge hat in den fünfzig Jahren, die seitdem vergangen sind, nichts an Aktualität verloren.

Allgemeine Evolutionsrichtung ebenso wie die aktuelle Problemlage drängen den Menschen zu einer umfassenden Einheit – zu einer komplexen Einheit, die dem Einzelnen seine Personalität und Würde läßt und nur freiwillig zustande kommen kann (vgl. ZM 76ff., AH 74ff.). Die Einheit der Menschheit ist die unmittelbare Zielperspektive, von der sich der Mensch in seiner gegenwärtigen Entwicklungsphase leiten zu lassen hat: die Einsicht, daß er „nur solidarisch mit allen gegenwärtigen, vergangenen oder zukünftigen Menschen ans Ziel seiner selbst gelangt (das heißt sich selbst vollständig reflektiert und personalisiert)." (ZM 294, AH 288)

Aber es steckt noch mehr in dieser Einheitstendenz. Es wurde bereits darauf hingewiesen, daß sich Teilhards ganzheitliche Betrachtungsweise nicht nur auf den Menschen bezieht, sondern die nicht- und vormenschliche Natur, ja den gesamten Kosmos mitumfaßt. Der Mensch steht in unlösbaren Relationen nicht nur zum Menschen, sondern – als sein am weitesten fortgeschrittener, komplexester Teil – zum gesamten Kosmos. Die Struktur dieser Relation ist wiederum durch die geistige, freie und umfassende Natur des Menschen, damit aber auch von Verantwortung geprägt. Es geht Teilhard von vornherein nicht nur um die Entwicklung des Menschen, sondern in und mit dem Menschen immer auch um die Entwicklung des natürlichen Ganzen, in welches der Mensch eingebunden ist. Der Mensch ist das einzige Wesen auf der Welt, das Verantwortung übernehmen kann, und ein wesentlicher Aspekt des geschichtlichen Fortschritts besteht offenbar in der Gewinnung der Einsicht, daß diese Verantwortung unbegrenzt ist. Der Mensch greift aufgrund seiner hochentwikkelten geistigen Struktur weit über seine physische Existenz, weit über seine eigene Individualität hinaus. Die in ihm liegende, aber zu entwickelnde komplexe Ganzheit schließt ihn mit dem Universum – zumindest mit der Erde – zusammen. Dies ist für Teilhard ein durchgehendes Denkmotiv.

Bereits im Jahre 1920 knüpft er die Frage, „ob sich das All immer *noch* entwickelt", an „die Entscheidung, ob *der menschliche Geist* immer noch in der Evolution begriffen sei" (ZM 28, AH 27), und begründet diese Verbindung so: „Wenn der Mensch von heute mit vollem Bewußtsein handelt, weiß er, daß seine Entscheidung auf Myriaden von Jahrhunderten und Lebewesen nachwirkt. *Er fühlt in sich die Verantwortung und die Kraft eines ganzen Universums.*" (ZM 31, AH 30) In die Selbstentfaltung der Menschheit ist die Erhaltung und Entwicklung der Natur immer mit einbegriffen. Den „Reichtum einer Welt bewahren, vermehren und weitergeben" (SV 201, VP 191) – das ist nicht nur eine zufällige, aufgrund einer bestimmten Problemlage erwachsende

Aufgabe, sondern gleichsam die kosmische Bestimmung des Menschen. Ihre Wahrnehmung ist erst gesichert, ,,wenn der Mensch, der durch sie sich seiner Blutsverwandschaft mit dem Universum bewußt geworden ist, begriffen haben wird, daß es seine Bestimmung ausmacht, in sich selbst den Geist der Erde und des Lebens zu retten." (SV 265, VP 256) Immer wieder spricht er von dem kosmisch-erdhaften Sinn, von dem ,,Gefühl", ,,das uns so machtvoll zur Natur hinzieh(t)" (ME 111, EH 103), von der Liebe, die sich nicht nur im zwischenmenschlichen Bereich abspielen dürfe, sondern das Universum erfassen müsse: ,,das Universum zu lieben" (ebd. 112, EH 104). Eine ,,neue Ethik der Erde" (LME 90, AE 218) gelte es zu begründen, in welcher der Mensch anerkenne, daß er ,,durch den Grund seines Seins selbst an den Wert und die Vervollkommnung aller anderen um ihn herum gebunden" (LME 91, AE 219) sei. Dem Menschen, der seine kosmische Stellung richtig definiert, muß es so darum gehen, nicht nur sich selbst, sondern in der Bindung an die Welt auch ,,das Universum voranzubringen" (WChr 108, ScChr 103), ,,die Dinge ... zu vollenden" (ebd. 112, 108). Mit dem Auftreten der menschlichen Person ist so ,,die Gleichgültigkeit der Welt für ihre Elemente" ,,unbegrenzter Fürsorge" (MiK 107, PH 118) gewichen, einer ,,Solidarität und Verantwortung für ein in Entwicklung befindliches Universum" (MiK 252, PH 273). Man muß diesen letzten Satz genau interpretieren, um Teilhards ganzheitliches Denken zu verstehen. Er besagt, daß die Ganzheit, in die der Mensch eingespannt ist, erst im *Werden* begriffen ist, und daß dieser Prozeß vom Tun des Menschen nicht unberührt bleibt. Der Mensch ist zumindest für den Bereich der Erde verantwortlich eingespannt in das Entstehen einer neuen Komplexität, einer Ganzheit, die ihn an die Natur bindet. Das Problem, das sich stellt, lautet: ,,wie kann man allen und jedem einzelnen dieser Wesen ihren Endwert geben, indem man sie sammelt zur Einheit des organisierten Alls?" (MiK 257, PH 278) In religiöser Version geht es darum, ,,das Universum voranzubringen, damit so Jesus ein Leib bereitet werde, der seiner weniger unwürdig ist." (WChr 108, ScChr 103)

Wir haben damit die wichtigsten Momente des ganzheitlichen Denkens im Sinne Teilhards beschrieben: es geht ihm vor allem darum zu zeigen, daß Geist und Materie sich nicht fremd gegenüberstehen, sondern eine organische Einheit bilden; daß die Natur nichts Totes, Geistloses, dem mechanischen Zufall Preisgegebenes ist, sondern in jedem Ding ein wachsendes Maß an Innerlichkeit, Spontaneität besitzt, daß Mensch und Erde eine wesentliche, sich entwickelnde Ganzheit bilden, für die der Mensch Verantwortung trägt. Es handelt sich hier zweifellos um ein Denken, welches, insgesamt gesehen, unter Berücksichtigung der Resultate moderner Naturwissenschaft die Ansprüche von Mensch und Natur gleichermaßen zu berücksichtigen versucht. Teilhard entwirft ein theoretisches *Modell,* welches dem Menschen seinen Platz in der Natur aufzeigt und so im Prinzip auch die heute immer häufiger gestellte Sinnfrage beantworten könnte, ohne die Sonderstellung des Menschen zu ignorieren. Es hängt keinem illusionär-idyllischen „Zurück zur Natur" an, sondern fordert vom Menschen geradezu die Weiterentwicklung von Sozialstruktur, Technik und Wissenschaft, ohne ihm zu erlauben, Fortschritte in diesen Bereichen mit dem Preis einer zerstörten Natur zu bezahlen, da es doch stets um die Erhaltung und Entwicklung des Ganzen geht. Es schließt Mensch und Natur zu einer komplexen Ganzheit zusammen, wobei der Mensch den aktiven, vorantreibenden Part zu übernehmen hat.

Allerdings muß diese positive Skizzierung doch mit einigen erheblichen Einschränkungen versehen werden. Zunächst ist zu sagen, daß es sich hier eben nur um ein Modell handelt, das mit konkretem Inhalt erst zu versehen ist. Die Probleme, vor denen wir objektiv stehen, sind ja mit dem Entwurf dieses Modells auch theoretisch nicht verschwunden – es wird allenfalls der theoretische Rahmen sichtbar, innerhalb dessen Lösungen zu suchen sind. Teilhards optimistische Vision künftiger, aber von der Gegenwart ausgehender Entwicklungen erweckt zuweilen den Eindruck, als hielte er die Überwindung der tatsächlichen Schwierigkeiten eher für leicht. Die Möglichkeit, daß der Mensch seine Aufgabe auch verfehlen könne, scheint er für eine bloß theoretische Möglichkeit zu halten, der keine praktische Wahrscheinlichkeit entspricht. Wir können diesen Optimismus heute nicht mehr teilen.

Eine zweite Einschränkung hängt mit dem soeben Gesagten zusammen, wiegt aber schwerer. Sie betrifft eine seltsame Zwiespältigkeit, die fast das gesamte Schrifttum Teilhards durchzieht. Die obigen Zitate, die durch viele ähnliche ergänzt werden können, belegen zur Genüge, daß Teilhards Sorge Mensch und Erde gemeinsam gilt. Es geht darum, beide gemeinsam zu erhalten und zu entwickeln. Insofern weist das Modell Teilhards in die Zukunft. Diese grundsätzliche Einschätzung darf aber nicht den Blick dafür verstellen, daß Teilhard im einzelnen zuweilen Urteile über aktuelle Entwicklungen fällt, die Irritationen hervorrufen müssen und nicht zu seiner ganzheitlichen Sichtweise passen wollen. So spricht Teilhard auf der einen Seite von der unbegrenzten Fürsorge und Verantwortung des Menschen für das Universum, nimmt immer neue Anläufe, um zu zeigen, daß der Mensch eingebunden ist in die Universalität des Lebens, nennt Pflanzen und Tiere unsere „fernen Brüder“ (MiK 178, PH 195) – und stellt auf der anderen Seite offenbar ohne jedes Bedauern fest, die Familie der Hominiden werde bald „jede andere tierische und sogar pflanzliche Form unterdrückt oder domestiziert haben“ (ZM 209, AH 202). Worin besteht eigentlich die unbegrenzte Verantwortung des Menschen, wenn dies unausweichlich ist? Der vielbeschworene kosmische Sinn, der den Menschen zur Vollendung der Erde führen soll, scheint sich hier nur auf den Menschen selbst zu richten.

Irritieren muß heute auch die manchmal naive Fortschritts- und Technikgläubigkeit, die Teilhard an den Tag legt. Sicher hat er oft genug vor der drohenden Erschöpfung der Ressourcen gewarnt, weist eindringlich auf F. Osborn's Buch „Unser geplünderter Planet“ hin, fordert ganz im Sinne der erweiterten menschlichen Verantwortung weltweite Kooperation, um dem „Gesicht der Erde, das in diesem Augenblick durch eine barbarische Plünderung der Natur entstellt ist, eine neue Schönheit zu verleihen.“ (AM 345, ApH 356) Aber wie stimmt all dies zusammen mit der Faszination, die die Technik in fast jeder Gestalt auf ihn ausübte, mit seinem Vertrauen in die Richtigkeit fast jeder Form der Expansion? Der

„industriellen Explosion" (ZM 219, AH 212) vermag er offenbar lediglich das positive Moment der Kooperation abzugewinnen, welche erforderlich ist, um Maschinen wie Lokomotive, Dynamo, Flugzeug, Film, Radio etc. hervorzubringen (ebd.). Teilhards oft beschworener Grundsatz „alles versuchen – bis ans Ende" (ME 169, EH 158) bezieht sich offenbar vorwiegend auf die Bereiche von Wissenschaft, Industrie und Technik. Zwar übersieht er keineswegs die Wachstumsprobleme: „Wir platzen, oder aber wir erdrücken uns gegeneinander vor Kraft" (ME 181, EH 168) – aber dagegen scheint er lediglich ein diffuses Vertrauen in die „Entdekkung eines natürlichen und fruchtbaren Auswegs, über den wir die Überfülle leiten" (ebd.), zu setzen. Der natürliche Ausweg ergibt sich für ihn letztlich aus der Hoffnung in die positiven, kooperativen Kräfte des Menschen, die im Geiste einer weltweiten „unanimité" sich zusammenfinden werden. Diese Hoffnung ist heute nötiger denn je, und kaum ein zweiter versteht sie so zu vermitteln wie Teilhard de Chardin. Aber ist nicht gerade sie durch den Grundsatz des Alles-Versuchens heute besonders gefährdet? Bevor man Teilhard hinsichtlich der ökologischen Krise zu einem „Rufer in der Wüste" (so G. Schiwy in 1984, 111) macht, sollte man diese im Detail oft unkritische Haltung gegenüber den zu seiner und unserer Zeit wirkenden Expansivkräften bedenken.

Irritationen ergeben sich auch bei der Beurteilung mancher Entwicklungen, die die Zukunft des Menschen betreffen. Teilhard war zweifellos ein Gegner der zeitgenössischen totalitären Bewegungen. Davon zeugt schon seine Warnung vor der „grauenhafteste(n) Versklavung in den Ketten des Kommunismus und des Nationalsozialismus" (MiK 264, PH 285) zu einer Zeit, als diese Bewegungen auf dem Höhepunkt ihrer Machtentfaltung standen. Mit den „reinen Individualisten, den Egoisten, die (individuell, national oder rassisch) durch Ausschluß oder Herabsetzung ihrer Brüder wachsen wollen" (ZM 101, AH 97), wollte er nichts zu tun haben – wobei er den Zusammenhang zwischen Totalitarismus und Egoismus deutlich erkannte. Auf der anderen Seite ist bei Teilhard jedoch des öfteren eine bedenkliche Verharmlosung der Gefahren festzustellen, die mit den totalitären Tendenzen verbunden sind. Die auch vor dem Krieg schon erkennbaren schlimmen Symptome scheint er eher für Kinderkrankheiten zu halten. Noch 1945 meint er, es sei zu früh zu entscheiden, ob die ,,jüngsten totalitären Experimente" ,,einen Zuwachs an Knechtschaft oder einen Zuwachs an Schwung gebracht haben." (ZM 159, AH 151) Und wieder setzt er gegen die offensichtliche Unfreiheit, die diese Bewegungen gebracht haben, die bloß subjektive Überzeugung, daß ,,die soziale Einswerdung der Erde" nach dem Prinzip der Freiwilligkeit, im Rahmen der ,,Vermehrung der Bewußtheiten und der individuellen Freiheiten" (ME 107, EH 100) herbeigeführt werde. Es hat zuweilen den Anschein, als sei diese Überzeugung über alle Kontakte mit der bedrohlichen Wirklichkeit erhaben und somit durch diese auch nicht zu erschüttern. Welchen Wirklichkeitsgehalt hat sie aber dann eigentlich noch?

Eine weitere Entwicklung, die die Zukunft der Menschheit betrifft, bezieht sich auf die Natur des Menschen selbst. Es kann wiederum kein Zweifel daran bestehen, daß die individuelle (nicht egoistische!) Würde der Person für Teilhard eine Ebene bezeichnet, die nicht überschritten werden darf. Er äußert die Vermutung, daß die Evolution mit der Herausbildung des Denkens ihr biologisches Ziel erreicht habe (ZM 27, AH 27), weshalb ihre Weiterführung nur noch im ,,Bereich des Bewußtseins", im Bereich ,,der *interindividuellen* Bindungen" (ebd. 28, AH 27) erfolgen werde. Wie paßt aber zu der Hervorhebung personaler Würde die Euphorie, mit der Teilhard den Möglichkeiten der Eugenik gegenübersteht? Er verschweigt nicht die Risiken, die mit ihr verbunden sind, scheint sie aber wiederum für bloß theoretisch zu halten: ,,durch verschiedene Mittel (Auslese, Kontrolle der Geschlechter, Wirkung der Hormone, Hygiene) einen höheren menschlichen Typ herausarbeiten" (ME 171, EH 159) – daß die Problematik, die damit verbunden ist, nicht nur peripherer Natur ist, sondern mit der Würde des Menschen zu tun hat, scheint Teilhard nicht zum Bewußtsein gekommen zu sein. Er fordert wohl die ,,respektvolle, religiöse Durchführung" der Versuche, ,,die Vorsicht und die Überwachung einer methodisch organisierten Forschung" (ME 171/172, EH 160), aber es fehlt die Überlegung, ob es sich hier nicht um mehr als ein bloß methodisches Problem handeln könnte. Man erschrickt geradezu, wenn man Sätze wie den folgenden – er stammt aus dem Jahre 1937 – liest: „gerade in diesem Bereich müssen wir in hervorragender Weise *alles* bis ans Ende versuchen." (ME 171, EH 160) Wirklich alles und bis ans Ende?

Es wurde vorhin gesagt, Teilhards Urteile in solchen Fragen paßten nicht zu seiner ganzheitlichen Sichtweise. Es ist in der Tat offensichtlich, daß die Unterdrückung alles nicht-menschlichen Lebens, die hemmungslose Expansion und Weiterentwicklung von Technik und Industrie, die künstliche Züchtung eines neuen Menschentyps einer ganzheitlichen Sicht des Verhältnisses Mensch-Natur widersprechen. Diese Feststellung soll allerdings nicht bedeuten, daß sich keine Interpretation finden ließe, die diese Widersprüche erklärt. Die Erklärung liegt in Teilhards Version der Evolutionslehre, soweit sie den Menschen einbezieht. Teilhard bezieht das Handeln des Menschen grundsätzlich in den Evolutionsprozeß mit ein, der nach natürlichen Gesetzen von vornherein auf einen angestrebten Endzustand zuläuft. Also bietet es sich auf dieser Grundlage an, *alles,* was in der Welt geschieht, was der Mensch an Gutem und Bösem tut, als „natürlich" zu deuten, als einen Schritt zu diesem Endzustand hin, auch wenn wir den jeweiligen Zusammenhang zwischen dem, was gegenwärtig geschieht, und dem Endzustand nicht in allen Einzelheiten begreifen können. Krieg, Ungerechtigkeit, menschliches Leid in vielfältiger Form, Zerstörung der Welt, in der wir leben? Unter dem Aspekt der Evolution alles Manifestationen des Drucks zur Vereinigung. Je größer der Druck, desto größer die Chance, daß die Menschheit endlich ihre weltgeschichtliche Aufgabe wahrnimmt! Gefahren der Eugenik? Kaum, weil der Mensch unter dem Gesetz der Freiwilligkeit und der Liebe steht, die diese Gefahren eliminiert! Kann diese Liebe nicht ausbleiben? Kaum, da sie doch die spezifisch menschliche Fortsetzung des natürlichen Einheitsstrebens und damit selbst natürlich ist! Und die offensichtliche Aggressionsbereitschaft des Menschen? Kein Grund zur Beunruhigung, da sie doch den obenerwähnten Druck verstärkt, also allenfalls ein Teil von jener Kraft ist, die stets das Böse will und stets das Gute schafft.

Diese Deutung erklärt vielleicht die erwähnten Widersprüche – als Unstimmigkeiten, als Störungen der ganzheitlichen Sichtweise bleiben sie trotzdem wirksam. Und so fragt sich, ob sie im Gesamtrahmen dieser Sichtweise nicht zu vermeiden wären. Man kommt hier vielleicht ein Stück weiter, wenn man den von Teilhard ja gleichfalls akzentuierten Freiheitsgedanken ernster nimmt. Jedes Ding besitzt, wie sich zeigte, Spontaneität, entzieht sich somit in gewisser Weise äußerer Determination. Im Menschen tritt diese Spontaneität als Selbstbewußtsein, als Freiheit, somit als gesteigerte Indeterminiertheit zutage. Bleiben wir bei Teilhards Interpretationsansatz, so wäre zu sagen: im Menschen wird offenbar, daß die Evolution die Möglichkeit ihres eigenen Scheiterns enthält. Und da die Freiheit eine sehr praktische Realität ist, ist die Gefahr eines Scheiterns am Menschen und durch den Menschen sehr real. Man weiß nicht im voraus, wie sich der Mensch verhalten wird, ob er Böses oder Gutes tut – um diesen Gedanken ernstzunehmen, muß man den Menschen keineswegs aus dem Evolutionsprozeß hinausinterpretieren, man muß den Interpretationsansatz Teilhards lediglich zu Ende denken. Man vermeidet dann die vermeintliche Notwendigkeit, alles, was der Mensch tut, als Beitrag zur Vollendung des Kosmos zu deuten; man wird dann nicht mehr daran gehindert, die Zerstörung von Natur und Mensch auch als solche zu bezeichnen, und entzieht sich der Notwendigkeit, auch noch den absurdesten Entwicklungen einen positiven Sinn abzugewinnen und so einen Schein der Rechtfertigung zu verleihen. Dabei bleibt der Grundgedanke Teilhards erhalten, daß der Mensch seine eigene Sache und gleichzeitig die Sache der Schöpfung dem guten Ende ein Stück näherbringen kann, wenn er den Linien der Evolution folgt. Auch an der visionären Idee einer geeinten Menschheit und einer geeinten Schöpfung ändert sich nichts – wobei freilich gesondert zu klären wäre, ob es sich hier um eine Leitidee oder um ein konkretes Ziel handelt.

Im Zusammenhang mit der im Menschen aufsteigenden Freiheit spricht Teilhard davon, daß wir zu einem entscheidenden Teil die Evolution in unseren Händen halten und fügt dann etwas rätselhaft hinzu: „vor ihrer Zukunft für ihre Vergangenheit verantwortlich". (MiK 231, PH 251) Wieso ist der Mensch verantwortlich für die Vergangenheit der Evolution? Nun, wenn der Mensch die Gegenwart und – infolge seiner Aktivität – Zukunft der Evolution darstellt, dann begegnen wir ihrer Vergangenheit in den außermenschlichen Dingen und Lebewesen, durch die die Evolution hindurchgegangen ist. Für sie wäre dann der Mensch verantwortlich. Es ist fraglich, ob Teilhard an dieser Stelle genau diesen Gedanken ausdrücken wollte. Aber als Interpretationsmöglichkeit ist er objektiv in seinem Denken enthalten – er setzt freilich voraus, daß man die menschliche Freiheit und damit die Möglichkeit schuldhaften Scheiterns ernstnimmt, daß man die Verantwortlichkeit des Menschen nicht zugunsten natürlicher Notwendigkeit verschwinden läßt, die alles gleichermaßen als gut erscheinen läßt.

Teilhards Denken insgesamt gerecht zu beurteilen, ist außerordentlich schwierig. Er entwirft ein ganzheitliches, in die Zukunft weisendes Modell, welches angesichts der Probleme, denen wir uns gegenübersehen, wieder an Faszinationskraft gewinnt. Aber er füllt dieses Modell inhaltlich auf zuweilen befremdliche, ja ärgerliche Weise aus. In dem Kapitel über Albert Schweitzer wurde gesagt, Teilhard de Chardin liefere die Theorie, die „Weltanschauung", der Albert Schweitzer sich verweigert. Dies kann durchaus bestehen bleiben – mit dem wesentlichen Zusatz freilich, daß Teilhard die Rangordnung theoretisch begründet, die auch Schweitzer in der Praxis akzeptiert, und daß Schweitzer die ethischen Konsequenzen zieht, die auch aus der Sichtweise Teilhards möglich wären, aber von ihm selbst nicht gezogen werden. Beide können sich so wechselseitig ergänzen und gleichzeitig korrigieren. Vielleicht kommen wir dem Anliegen Teilhards auf positive Weise näher, wenn wir die Problematik berücksichtigen, die Günther Anders zur Konzipierung seiner „Diskrepanzphilosophie" veranlaßt hat. Was heute zähle, so sagte Anders in einem Interwiev, sei die „Diskrepanz zwischen dem, was wir *machen* und dem, was wir *vorstellen* können. Nur weil wir unsere Produkte und deren Effekte nicht vorstellen können, haben wir keine Hemmungen, Atombomben zu bauen." (DIE ZEIT, 13, 1985, 66) Vielleicht können wir den grandiosen Entwurf Teilhards als Versuch verstehen, die Grenzen des Vorstellens, des Sehens wieder zu erweitern, freilich nicht im apokalyptischen Sinne, sondern indem er den Menschen visionär auf seine *positiven* Möglichkeiten hinweist. Nicht umsonst legt Teilhard so großen Wert auf die richtige Art zu sehen (vgl. MiK 17ff., PH 25ff.). Häufig erweckt die Art, in der er die Möglichkeiten der Zukunft beschreibt, den Eindruck, als sei er selbst von der visionären Kraft seiner Schilderungen so geblendet worden, daß er das Aggressionspotential, das doch auch im Menschen liegt, kaum noch zur Kenntnis genommen habe. Aber auch wenn wir den Optimismus Teilhards heute schwerlich teilen können: verzichten können wir auf konkrete Utopien, die auf dem Prinzip Hoffnung beruhen, sicher nicht. Teilhards Denken stellt ein Modell dar, eine Art Gußform, die mit Inhalt freilich erst noch zu füllen ist. Manche Irritationen kommen vielleicht eben auch daher, daß er selbst bereits Lösungen zu beschreiben glaubte, wo wir doch erst die Aufgaben und damit auch die Schwierigkeiten sehen.

In „Le Phénomène Humain" (dt. Der Mensch im Kosmos) schreibt Teilhard mit der ihm eigenen Eindringlichkeit, die die meisten Leser nicht gleichgültig läßt, die folgenden Zeilen:

> „Die Menschheit; der Geist der Erde; die Synthese der Individuen und der Völker; die paradoxe Versöhnung zwischen dem Element und dem All, der Einheit und der Menge: damit sich diese Dinge, die man als utopisch bezeichnet und die dennoch eine biologische Notwendigkeit haben, in der Welt verwirklichen, genügt nicht vielleicht die Vorstellung, die Kraft unserer Liebe könne sich entwickeln, bis sie schließlich die Gesamtheit der Menschen und der Erde umschlingt?" (MiK 273/274, PH 295)

Wenn wir dies wirklich als Frage verstehen, die uns die Mühsal der Antwort aufbürdet, so ist dem wohl nichts hinzuzufügen.

Nachwort

Die bei Franziskus, Böhme, Schweitzer und Teilhard beschriebenen Momente ganzheitlichen Denkens lassen sich noch durch ein weiteres ergänzen, welches, soweit wir sehen, ebenfalls allen vier Autoren gemeinsam ist: das ästhetische Moment.

Aus den bisherigen Ausführungen ist deutlich geworden, daß ihr Verhältnis zur Natur jeweils den naturwissenschaftlich-theoretischen Rahmen überschreitet. Man kann sagen, daß durchweg ein ästhetisches, Verstand und Gefühl verbindendes Verhältnis zur Natur wirksam ist. Dies zeigt sich zum einen in der sprachlichen Darstellung, der man durchaus ästhetische Qualitäten zubilligen muß. Zum anderen zeigt sich diese ästhetische Dimension in einer auffallenden Nähe zur Musik.

Bei Franz von Assisi wird dies allein schon durch den Sonnen*gesang* deutlich. Auch die Berichte, in denen überliefert wird, daß er und seine Gefährten häufig singend über die Straßen gezogen seien (vgl. I. Gobry 1981, 72f.), weisen in diese Richtung. Jakob Böhme benutzt immer wieder Bilder aus dem Bereich der Musik, etwa wenn er den Weisen mit dem Künstler vergleicht, der die Saiten einer Laute schlägt, um der Natur ihre Geheimnisse zu entlocken (vgl. oben 65). Teilhard de Chardin spricht in ähnlichen Bildern und bekennt in einem Brief, wenn es ihm nicht an der erforderlichen Begabung gefehlt hätte, wäre er wohl eher der Schatten Wagners als der Schatten Darwins geworden (BM 79f., AcH 74f.). Daß diese Begabung Albert Schweitzer nicht abging, ist hinreichend bekannt. Er war ebensogut Musiker wie Arzt und Philosoph.

Diese Bevorzugung der Musik durch die Autoren gibt nun Anlaß zu einigen weiterführenden Fragen und Überlegungen. Es liegt nahe, die ästhetische Komponente, die sich hier zeigt, innerlich in Beziehung zu setzen zu der Art, die Welt wahrzunehmen. Wie verhalten sich aber dann die Spekulationen eines Jakob Böhme, eines Albert Schweitzer und eines Teilhard de Chardin zur wissenschaftlichen Erfassung und Beschreibung der Wirklichkeit? Franz von Assisi können wir in diesem Zusammenhang außer acht lassen, da er von Wissenschaft und bloßer Theorie bekanntlich nicht viel hielt. Bei den anderen Autoren stellt sich die Sachlage etwas anders dar. Zwar bedarf es keiner weiteren Erörterung, daß nach heutigem Wissenschaftsverständnis keine der dargestellten Spekulationen das Prädikat „wissenschaftlich" verdient. Sie bewegen sich weder im logisch-mathematischen Raum noch im Raum empirischer Verifizierbarkeit oder Falsifizierbarkeit. Vielleicht kann man sagen, daß Teilhard de Chardin der einzige gewesen ist, der sich über die wissenschaftliche Begründbarkeit seiner Aussagen Illusionen hingegeben hat – wobei man freilich sofort hinzufügen muß, daß auch er sich darüber im klaren war, wie sehr seine Sichtweise die gängigen naturwissenschaftlichen Methoden sprengte.

Von Wissenschaftlichkeit kann nach heutigem, an den empirischen und den logisch-mathematischen Wissenschaften orientiertem Verständnis nicht die Rede sein. Es läge nahe, von hier aus nach der Wissenschaftlichkeit der Philosophie überhaupt zu fragen. Wir wollen uns jedoch der Überlegung zuwenden, ob nicht die wissenschaftstheoretische Diskussion von der Perspektive Teilhards und besonders von der Perspektive Schweitzers neue Impulse erfahren könnte, wobei wir die Leitfrage nach dem Verhältnis Mensch-Natur nicht aus dem Blick verlieren wollen.

Mit den Schwierigkeiten Schweitzers, die Ethik der Ehrfurcht vor dem Leben in ein positives Verhältnis zur wissenschaftlich-theoretischen Darstellung der Welt zu bringen, haben wir uns beschäftigt. Auch Teilhard de Chardin sind solche Schwierigkeiten nicht fremd. Er ist jedoch der Auffassung, durch eine Änderung des Blickwinkels könnten sie gelöst werden. Wenn wir uns nun fragen, worin die wissenschaftstheoretische Problematik eigentlich besteht, so stoßen wir bei beiden wiederum auf überraschende Parallelen.

Die Naturwissenschaften betrachten nach Ansicht Schweitzers und Teilhards die Außenseite der Dinge und versuchen von daher, naturgesetzliche und statistische Regelmäßigkeiten zu erfassen. Das ,,wahre", von der Ehrfurcht vor dem Leben inspirierte Erkennen setzt mich aber nach Schweitzer ,,von innen heraus ... zur Welt in Beziehung, indem es meinen Willen zum Leben alles, was ihn umgibt, als Willen zum Leben miterleben läßt." (KE 377) Er will offenbar damit sagen, daß ich mich *in* andere Lebewesen, in ihren eigenen Willen zum Leben, in ihre eigene Innerlichkeit nur aufgrund einer Intuition oder auch Interpretation meines eigenen Innenlebens hineinversetzen kann. Nur weil ich mich unmittelbar als selbstbezügliches Wesen erfahre, kann ich im direkten Kontakt anderen Lebewesen ihre eigene Innerlichkeit und Selbstbezüglichkeit zugestehen.

Ganz ähnlich sieht Teilhard de Chardin diesen Sachverhalt. Daß der Begriff des ,,Innen" (dedans) eine zentrale Rolle spielt, haben wir gesehen. Wenn Teilhard nun fragt, woran es liegt, daß seine eigene Interpretation der Wirklichkeit so weit von den Ergebnissen der zeitgenössischen Naturwissenschaften abweicht, so gibt er selbst die Antwort: ,,Auf dem Gebiet der Physik und Chemie offenbaren sich die Gegenstände ... nur in ihrer äußeren Bestimmbarkeit." (MiK 44, PH 51) Kurz zuvor fragt er nicht ohne kritischen Unterton: ,,hat sich die Wissenschaft bisher jemals die Mühe gegeben, die Welt anders als von der *Außenseite* der Dinge her zu betrachten?" (MiK 41, PH 48) Der Weg zum Inneren der Lebewesen beginnt nach Schweitzer, wie sich zeigte, bei dem eigenen Innen. Was Teilhard dazu sagt, klingt ganz ähnlich: ,,Positiv erfassen wir direkt nur eine einzige Innerlichkeit der Welt: die unsere." (MiK 143, PH 156) Von unserem eigenen Inneren aus finden wir – ähnlich wie bei Schweitzer – den Weg zum Inneren der Dinge: ,,Auf dem Grund unserer selbst erscheint unzweifelhaft ein Inneres, wie durch einen Riß gesehen, im Herzen der Wesen." (MiK 45, PH 52)

Teilhard de Chardin ist nun bei der Beurteilung der künftigen Entwicklung der Naturwissenschaften Optimist. Er ist der Ansicht, daß die Naturwissenschaften sich dem ,,Innen" der Dinge nähern werden, daß die analytische Betrachtungsweise durch eine mehr synthetische, in Komplexitäten denkende Methode ergänzt werden wird, daß künftig nicht nur Quantitäten, sondern auch Qualitäten eine Rolle spielen werden. Zu dieser Entwicklung will er selbst seinen Teil beitragen. Wenn wir an die Arbeiten Prigogines, Bateson's, Capras, Sachsses und von Weizsäckers denken, so erscheint uns aus heutiger Perspektive diese Einschätzung gar nicht mehr so wirklichkeitsfremd.

Albert Schweitzer aber entwickelt noch eine andere Idee; die Haltung der Ehrfurcht vor dem Leben geht, wie gesagt, vom eigenen Inneren des ethischen Subjekts aus. Schweitzer vertraut jedoch nicht darauf, daß die Naturwissenschaften das Innen eines Tages schon entdecken werden; für ihn ist der Weg vom Innen zum Innen vielmehr der Weg der Geisteswissenschaften. In seiner Autobiographie schildert er es als ,,ersehnte Vervollständigung des Wissens", als er sich vom Frühjahr 1906 an den Naturwissenschaften zuwandte. Es sei für seine ,,geistige Entwicklung ein notwendiges Erlebnis" gewesen, als er es mit Menschen zu tun bekam, ,,denen es selbstverständlich war, daß sie jede Behauptung durch Tatsachen zu erweisen hatten" (LD 118). Dennoch habe er eine Geringschätzung der ,,Denk-Wahrheit", die Sache der Geisteswissenschaften sei, vermieden. Worin besteht aber die Aufgabe der Geisteswissenschaften? Wir sahen im dritten Kapitel, daß Schweitzer die Frage nach dem Sinn menschlichen Daseins theoretisch-wissenschaftlich nicht für lösbar hielt. In seiner Autobiographie bezieht er diese Unlösbarkeit grundsätzlich auf die Methode der Naturwissenschaften, aber er beschränkt sie offenbar auch auf diese. Die Tatsachen-, also die Naturwissenschaften, registrieren die ,,einzelnen Manifestationen des Seins" (LD 119), geben aber keine Antwort auf ,,die große Frage, was wir in dem Universum sind und in ihm wollen" (ebd.). Diese Frage lasse sich nur beantworten, wenn wir ,,das universelle Leben, . . ., irgendwie in unserem individuellen Leben erleben." (ebd.) Den Weg zum universellen Leben beschreibt Schweitzer aber mit fast den gleichen Worten wie den Weg zum Miterleben fremden Lebens, den der ethisch denkende Mensch zu gehen hat: ,,Das Wesen des lebendigen Seins außer mir kann ich nur aus dem lebendigen Sein, das in mir ist, begreifen." (ebd.) Schweitzer geht also hier gleichsam von einer

Innenseite des universellen Seins aus, und zu dieser Innenseite ,,suchen die Geisteswissenschaften zu gelangen." (ebd.)

Wir haben also bei Albert Schweitzer und Teilhard de Chardin – und übrigens in Ansätzen auch schon bei Jakob Böhme, der ja ebenfalls ständig über das Verhältnis von Innerem und Äußerem reflektiert (vgl. oben 51 ff.) – eine ganz ähnliche Problemsituation. Es geht jeweils darum, die ,,Innenseite der Dinge" zu erforschen, ,,die sich ebenso weit erstreckt wie ihre Außenseite", (MiK 45, PH 52) – und eben diese Innenseite des allgemeinen Seins bildet nach Schweitzer den Gegenstandsbereich der Geisteswissenschaften. Wir müssen die Frage auf sich beruhen lassen, ob Schweitzer mit der skizzierten Aufgabenzuweisung an die Geisteswissenschaften nicht selbst eine Überwindung der Antithetik zwischen Ethik und Wissenschaft anbietet. Es scheint jedoch, als könne die gegenwärtige wissenschaftstheoretische Diskussion von diesen Überlegungen profitieren.

Geistes- und Naturwissenschaften stehen heute weitgehend nicht einmal in einem konträren, sondern in einem disparaten Verhältnis zueinander: sie scheinen einander nichts anzugehen. Alle Autoren, mit denen wir uns hier befaßt haben, konzentrieren ihre Überlegungen aber auf die Natur, genauer: auf das Verhältnis des Menschen zur Natur, und dies auf eine Weise, die sich deutlich vom Verfahren der Naturwissenschaften abhebt. Die Andersheit ihrer Sichtweise zeigt sich in objektivierter Form im Begriff und Gegenstandbereich des ,,Innen". In ihm ist durchweg impliziert, daß es zum natürlichen Sein noch andere Zugangsweisen gibt als die des rechnenden und verfügenden Beschreibens, als die der Subsumption unter allgemeine Gesetze – Zugangsweisen, die es ermöglichen, die innere Gestalt lebendigen Seins betrachtend und handelnd mitzuvollziehen und weiterzuentwickeln. Diese innere Seite bildet nach Schweitzer den Gegenstandsbereich der Geisteswissenschaften, während die Naturwissenschaften Tatsachenwissen bereitstellen. Eine solche Verteilung der Aufgaben zwischen Natur- und Geisteswissenschaften setzt beide nicht in ein disparates, sondern in ein kooperatives Verhältnis zueinander, ohne daß wechselseitige Prioritätsansprüche geltend gemacht werden können – auch wenn Schweitzer selbst die „Denk-Wahrheit" der Geisteswissenschaften als „die höhere Art" der Wahrheit bezeichnet (LD 119). Die Kooperation bestände zunächst keineswegs in einer wechselseitigen Korrektur, sondern in einem wechselseitigen Hinhören. Es scheint so, als wachse bei vielen Naturwissenschaftlern seit einigen Jahren die Bereitschaft hierzu; und für die Geisteswissenschaften hätte die Einbeziehung der Natur in ihr Gesichtsfeld vielleicht den Vorteil, daß sie der gegenwärtigen totalen Folgenlosigkeit entrissen würden.

Die Frage nach dem Verhältnis von Natur- und Geisteswissenschaften führt schließlich noch zu einer letzten Überlegung. Wir sahen, daß Schweitzer in seiner Autobiographie das Verhältnis von Natur- und Geisteswissenschaften selbst in einen Zusammenhang mit der „Sinnfrage" bringt. Eben diese Frage aber wird auch in der Gegenwart immer häufiger gestellt, wobei oft vorausgesetzt wird, daß unsere Zeit von einer tiefgreifenden „Sinnkrise" befallen ist. Natürlich kann und muß man an eine solche Diagnose selbst kritische Fragen knüpfen, etwa die, ob eine offene Gesellschaft – da sie doch vom Verzicht auf die verbindliche Regelung von Sinnfragen lebt – nicht immer von einer Sinnkrise begleitet sein wird, oder auch die Frage, ob „Sinn" nicht einer jener „umbrella terms" ist, unter welchen vieles und durchaus Verschiedenes Platz hat. Aber selbst wenn man dies in Rechnung stellt, ist doch der Eindruck unabweisbar, daß wir uns in diesem zugegebenermaßen diffusen Komplex einer kritischen Grenze nähern, daß verschiedene Phänomene, die aus dem Sinnproblem resultieren, das Ausmaß des Üblichen überschreiten. Hierzu zählen die in den letzten Jahrzehnten gewachsene Lebens- und Zukunftsangst, die häufig irritierenden Aktions- und Reaktionsformen vor allem bei der jungen Generation wie die Zuflucht zu alternativen Bewegungen, Jugendsekten etc., die manchmal geradezu masochistische Kritik an überkommenen Lebensformen. All dies verweist auf ein real spürbares Defizit an tradierbaren Leitlinien, an überzeugenden Lebensmaximen, an Deutungsmustern, kurz: an praktischer Metaphysik.

Natürlich geben Franz von Assisi, Jakob Böhme, Albert Schweitzer und Teilhard de Chardin keine Lösungen für das an, was man mit „Sinnkrise" bezeichnet. Aber immerhin beschäftigen sie sich mit einem, vielleicht dem wichtigsten Aspekt der Sinnfrage: mit dem Verhältnis zwischen Natur und Mensch. Denn wenn der Ausdruck „Sinn" etwas bedeutet, dann doch wohl eine Gesamtsituation, in welcher der Mensch einen Platz für sich im Ganzen seiner Welt sieht, eine Situation, die es ihm ermöglicht, die Welt, in der er lebt, als ein Ganzes zu begreifen, von dem er selbst ein organischer Teil ist. Wenn man die Sinnkrise über die Grenzen des Individuums hinaus als ein gesellschaftliches, vielleicht sogar menschheitliches Phänomen deutet, so ist zu vermuten, daß ein generell gestörtes Verhältnis zur Natur eine der Ursachen für diese Krise ist. Indem der Mensch sich außerhalb der Natur gestellt und diese als bloßes „Objekt" ohne innere Selbstbezüglichkeit gesetzt hat, hat er sich selbst seiner Ganzheit beraubt. Er hat damit das organische Ganze preisgegeben, innerhalb dessen er seine eigene Existenz als sinnvoll deuten kann. Will er seinen Lebenssinn wiederfinden, so muß er dieses Ganze wiederfinden.

Franz von Assisi, Jakob Böhme, Albert Schweitzer und Teilhard de Chardin bemühen sich, Mensch und Natur als Ganzheit zu denken. Bei aller Verschiedenheit der Wege, die sie dabei beschreiten, bleibt doch die Gemeinsamkeit einer Betrachtungsweise, die den rationalen, berechnenden Zugriff zum lebendigen Sein keineswegs negiert oder herabsetzt, aber doch übersteigt. Dieser Überstieg ermöglicht zum einen, wie wir sahen, konkretes Tätigwerden, er bewahrt zum anderen jenseits rationalistischen Weißschon-Gebahrens die Haltung des Staunens vor dem, was ist.

Literaturverzeichnis

I. Die Schriften der besprochenen Autoren

1. Franz von Assisi

François d'Assise, Ecrits (lat.-französ. bzw. ital.-französische Ausgabe), lat. Text ed. K. Eßer; Indroduction, Traduction, Notes et Index von Th. Desbonnets, Th. Matura, J.-Fr. Godet, D. Vorreux, Paris 1981.

Die Schriften des hl. Franziskus von Assisi – Einführung, Übersetzung, Erläuterungen von K. Eßer und L. Hardick, Werl 4. Aufl. 1972.

Franz von Assisi, Die Werke – Sonnengesang, Ordensregeln, Testament, Briefe, Fioretti (Die Blümlein), Übersetzt von W. von den Steinen und M. Kirschstein, Zürich 1979.

2. Jakob Böhme

Jakob Böhme, Sämtliche Schriften, Faksimile-Neudruck der Ausgabe von 1730 in 11 Bänden, neu herausgegeben von W.-E. Peuckert, Stuttgart 1955 ff.

Bd. 1: Aurora, oder Morgenröthe im Aufgang.

Bd. 2: De tribus prinzipiis, oder die Beschreibung der Drey Principien Göttlichen Wesens.

Bd. 3: De triplici vita hominis, oder Vom dreyfachen Leben des Menschen; Psychologia vera oder Viertzig Fragen Von der Seelen; Das umgewandte Auge, Von der Seelen und ihrer Bildniß.

Bd. 4: De incarnatione verbi, oder von der Menschwerdung Christi; Sex puncta theosophica, oder Von sechs Theosophischen Puncten; Sex puncta mystica, oder Kurtze Erklärung Sechs Mystischer Puncte; Mysterium pansophicum, oder Gründlicher Bericht von dem Irdischen und Himmlischen Mysterio; Christosophia oder Der Weg zu Christo.

Bd. 5: Libri Apologetici oder Schutzschriften wieder Balthasar Tilken; Anti-Stiefelius, oder Bedencken über Elias Stiefels Büchlein; Apologia contra Gregorium Richter, oder Schutzrede wider Gregorium Richter; Informatorium Novissimorum, oder Unterricht von den letzten Zeiten.

Bd. 6: De signatura rerum, oder von der Geburt und Bezeichnung aller Wesen; De electione gratiae, oder Von der Gnadenwahl; De testamentis Christi, oder Von Christi Testamenten.

Bd. 7 und 8: Mysterium Magnum, oder Erklärung über das erste Buch Mosis (Bd. 7: bis Cap. 43, Bd. 8: Cap. 44 bis Ende).
Bd. 9: Quaestiones theosophicae, oder Betrachtung göttlicher Offenbarung; Tabulae principiorum, oder Tafeln von den Dreyen Principien Göttlicher Offenbarung; Clavis, oder Schlüssel, das ist eine Erklärung der vornehmsten Puncten und Wörter, welche in diesen Schriften gebrauchet wurden; Epistolae theosophicae, oder Theosophische Sendbriefe.
Bd. 10: 1. De vita et scriptis Jacobi Böhmii, oder Historischer Bericht von dem Leben und Schriften Jacob Böhmes 2. Das Leben Jacob Böhmes von Will-Erich Peuckert.
Bd. 11: Register über alle Theosophischen Schriften Jakob Böhmes.

Studienausgabe (Herausgegeben und erläutert von G. Wehr):
- Christosophia. Ein christlicher Einweihungsweg. Freiburg 1975.
- Aurora oder die Morgenröthe im Aufgang. Freiburg 1977.
- Von der Gnadenwahl. Freiburg 1978.
- Von der Menschwerdung Jesu Christi. Freiburg 1978.
- Theosophische Sendbriefe I/II. Freiburg 1979.
- Mysterium pansophicum. Theosophisch-pansophische Sendbriefe. Freiburg 1980.
- Mysterium magnum. Freiburg 1981.

3. Albert Schweitzer

Gesammelte Werke, herausgegeben von R. Grabs, Berlin 1971
Bd. 1: Aus meinem Leben und Denken (Abk.: LD); Aus meiner Kindheit und Jugendzeit: Zwischen Wasser und Urwald. Erlebnisse und Beobachtungen eines Arztes im Urwalde Äquatorialafrikas (Abk.: WuU); Briefe aus Lambarene 1924-1927.
Bd. 2: Verfall und Wiederaufbau der Kultur. Kulturphilosophie. Erster Teil (Abk.: VWK); Kultur und Ethik. Kulturphilosophie. Zweiter Teil (Abk. KE); Die Weltanschauung der indischen Denker. Mystik und Ethik; Das Christentum und die Weltreligionen.
Bd. 3: Geschichte der Leben-Jesu-Forschung.
Bd. 4: Die Mystik des Apostels Paulus; Reich Gottes und Christentum.
Bd. 5: Aus Afrika: Von Regen und schön Wetter auf dem Äquator; Afrikanische Jagdgeschichten; Ojembo, der Urwaldschulmeister; Fünfundzwanzig Jahre Spitalarbeit; Afrikanisches Tagebuch 1939–1945; Das Lambarenespital vom Herbst 1945 bis Frühjahr 1954; Der Alltag in Lambarene; Ansprache in Andende. Kulturphilosophie und Ethik: Straßburger Predigten über die Ehrfurcht vor dem Leben (Abk.: SP); Philosophie und Tierschutzbewegung; Das Problem der Ethik in der Höherentwicklung des menschlichen Denkens; Ansprache bei Entgegennahme des belgischen Joseph-Lemaire-Preises; Humanität; Die Entstehung der Lehre der

Ehrfurcht vor dem Leben und ihre Bedeutung für unsere Kultur. Religion und Theologie: Das Messianitäts- und Leidensgeheimnis; Die Idee des Reiches Gottes im Verlauf der Umbildung des eschatologischen Glaubens in den uneschatologischen; Ansprache auf der Tagung der Schopenhauer-Gesellschaft; Botschaft an die Teilnehmer der Tagung des Weltbundes für Freies Christentum in Bern; Spitalandachten zu Lambarene; Deutsche und französische Orgelbaukunst und Orgelkunst; Goethe. Vier Reden. Ethik und Völkerfrieden: Interview im Urwald. Über die Lage unserer Kultur; Appell an die Menschheit; Friede oder Atomkrieg; Der Weg des Friedens heute.

Die Lehre von der Ehrfurcht vor dem Leben. Grundtexte aus fünf Jahrzehnten. Im Auftrage des Verfassers herausgegeben von H. W. Bähr, München 1966.

Albert-Schweitzer-Lesebuch, herausgegeben von H. Steffahn, München 1984.

Menschlichkeit und Friede. Ansprache Albert Schweitzers zur Verleihung des Friedenspreises des Deutschen Buchhandels 1951. Sonderdruck der Druckerei Klein, Münster.

4. Teilhard de Chardin

Edition du Seuil, Paris:
Bd. 1: Le Phénomène Humain (1955, Abk.: PH).
Bd. 2: L'Apparition de l'Homme (1956, Abk.: ApH).
Bd. 3: La Vision du Passé (1957, Abk.: VP).
Bd. 4: Le Milieu Divin (1957, Abk.: MD).
Bd. 5: L'Avenir de l'homme (1959, Abk.: AH).
Bd. 6: L'Energie Humaine (1962, Abk.: EH).
Bd. 7: L'Activation de l'Energie (1963, Abk.: AE).
Bd. 8: La Place de l'homme dans la nature (1963).
Bd. 9: Science et Christ (1965, Abk.: ScChr).
Bd. 10: Comment je crois (1969).
Bd. 11: Les directions de l'avenir (1973).
Bd. 12: Ecrits du temps de la guerre (1976).
Bd. 13: Le coeur de la matière (1976).

Deutsche Ausgaben:
Der Mensch im Kosmos (Le Phénomène Humain, übers. v. O. Marbach, München 1981, Abk.: MiK).
Die Entstehung des Menschen (Le groupe zoologique humain, in Bd. 8 d. frz. Ausgabe, übers. v. G. Scheel, München 1961).
Werke im Walter-Verlag, Olten und Freiburg i. Br.:
Bd. 2: Das göttliche Milieu (Le Milieu Divin, übers. v. K. Schmitz-Moormann, 1969, Abk.: GM).

Bd. 3: Das Auftreten des Menschen (L'Apparition de l'Homme, übers. v. L. Häflinger u. K. Schmitz-Moormann, 1964, Abk.: AM).
Bd. 4: Die Schau in die Vergangenheit (La Vision du Passé, übers. von J. Bader, H. Stechl u. K. Schmitz-Moormann, 1965, Abk.: SV).
Bd. 5: Die Zukunft des Menschen (L'Avenir de l'homme, übers. v. L. Häflinger u. K. Schmitz-Moormann, 1963, Abk.: ZM).
Bd. 6: Die menschliche Energie (soweit zitiert die Entsprechung zu L'Energie Humaine, übers. v. K. Schmitz-Moormann, 1966, Abk.: ME).
Bd. 7: Die lebendige Macht der Evolution (soweit zitiert die Entsprechung zu l'Activation de l'Energie, übers. v. K. Schmitz-Moormann, 1967, Abk.: LME).
Bd. 9: Wissenschaft und Christus (Science et Christ, übers. v. K. Schmitz-Moormann, 1970, Abk.: WChr.).
Bd. 10: Mein Glaube (Comment je crois, übers. v. K. Schmitz-Moormann, 1972).

Aus dem Briefwechsel:
Lettres de voyage 1923–1939, recueillées et présentées par Claude Aragonnès, Paris 1956 (Abk.: LV), deutsch: Geheimnis und Verheißung der Erde. Reisebriefe 1923–1939, gesammelt und dargeboten v. Claude Aragonnès (Marguerite Teillard-Chambon), übers. v. E. Feichtinger, Freiburg/München 4. Aufl. 1964 (Abk.: GVE).
Accomplir l'homme. Lettres inédites (1926–1952). Vorwort von René d'Quince, New York–Paris 1968, deutsch: Briefe an eine Marxistin (= Ida Treat), übers. v. K. Schmitz-Moormann u. L. Häflinger, Olten-Freiburg 1971 (Abk. frz.: AcH, dt.: BM).
Blondel et Teilhard. Correspondance commentée par H. de Lubac. Paris 1965, dt.: Maurice Blondel – Pierre Teilhard de Chardin. Briefwechsel, übers. v. R. Scherer, Freiburg/München 1967.
Hinweis für die Zitation: Zitiert wird nach den angegebenen deutschen Ausgaben unter Verwendung der genannten Abkürzungen. Im Anschluß an die Stellenbezeichnungen in den deutschen Ausgaben werden die entsprechenden Stellen in den französischen Ausgaben angegeben, gleichfalls unter Verwendung der o. g. Abkürzungen. Beispiel: MiK 36, PH 42 = Der Mensch im Kosmos S. 36 Le Phénomène Humain S. 42.

II. Weitere Schriften

C. Améry, Das Ende der Vorsehung. Die gnadenlosen Folgen des Christentums, Reinbeck 1974.
H. W. Bähr (Hrsg.), Albert Schweitzer. Sein Denken und sein Weg, Tübingen 1962.
M. Barthélemy–Madaule, Bergson und Teilhard de Chardin. Olten–Freiburg 1970.

Gr. Bateson, Geist und Natur. Eine notwendige Einheit, Frankfurt 1982.
Bonaventura, Itinerarium mentis in Deum; De reductione artium ad Theologiam, lat.-deutsch (eingeleitet, übersetzt und erläutert v. J. Kaup), München 1961.
Doctoris Seraphici S. Bonaventurae Opera omnia ..., Ad Claras Aquas (Quaracchi) ex Typographia Collegii S. Bonaventurae, 1882–1902, Bd. 2.
Th. Broch, Das Problem der Freiheit im Werk von Pierre Teilhard de Chardin, Mainz 1977.
J. Burckhardt, Die Kultur der Renaissance in Italien – ein Versuch, Herrsching 1981.
Fr. Capra, Wendezeit – Bausteine für ein neues Weltbild, Bern/München/Wien 5. Aufl. 1983.
G. K. Chesterton, Der heilige Franziskus von Assisi, Freiburg i. Br. 1959.
Cl. Cuénot, Pierre Teilhard de Chardin, Leben und Werk, übers. u. bearbeitet v. K. Schmitz-Moormann, Freiburg-Olten 1966.
R. Descartes, Meditationen über die Grundlagen der Philosophie mit den sämtlichen Einwänden und Erwiderungen, Hrsg. A. Buchenau, Hamburg 1965.
E. Drewermann, Der tödliche Fortschritt. Von der Zerstörung der Erde und des Menschen im Erbe des Christentums, Regensburg 1981.
K. Eßer, Studien zu den opuscula des Hl. Franziskus von Assisi, Rom 1973.
H. Felder, Die Ideale des hl. Franziskus, Paderborn 6. Aufl. 1951.
H. Felder, Geschichte der wissenschaftlichen Studien im Franziskanerorden bis um die Mitte des 13. Jahrhunderts, Freiburg 1904.
H. Fink, Franz von Assisi – Der Mann. Das Werk. Die Zeit. München 1981.
R. Garaudy, Perspectives de l'homme. Existentialisme. Pensée catholique. Marxisme. 1929–1959. Paris 1959.
A. Gehlen, Urmensch und Spätkultur. Philosophische Ergebnisse und Aussagen, Frankfurt/Bonn 1964.
A. Gemelli, Das Franziskanertum, übers. v. H. Dausend, Leipzig 1936.
I. Gobry, Franz von Assisi in Selbstzeugnissen und Bilddokumenten, Hamburg 1958.
A. Gosztonyi, Der Mensch und die Evolution, München 1968.
E. Gilson, Die Philosophie des hl. Bonaventura, Köln 1960.
H. Groos, Albert Schweitzer. Größe und Grenzen – Eine kritische Würdigung des Forschers und Denkers, München/Basel 1974.
H. Gruhl, Häuptling Seattle hat gesprochen. Der authentische Text seiner Rede mit einer Klarstellung: Nachdichtung und Wahrheit, Düsseldorf 1984.
H. Grunsky, Jakob Böhme, Stuttgart 1956.
Cl. Günzler, Ehrfurcht vor dem Leben – Zum pädagogischen Anspruch der Ethik Albert Schweitzers, in: Wissensch. Pädagogik 1984.
J. Hamberger, Die Lehre des deutschen Philosophen Jakob Böhme, in einem systematischen Auszuge aus dessen sämtlichen Schriften dargestellt und mit erläuternden Anmerkungen begleitet, München 1844.

H.-E. Hengstenberg, Sinn und Sollen – Zur Überwindung der Sinnkrise, Kevelaer 1973.
H.-E. Hengstenberg, Mensch und Materie. Zur Problematik Teilhard de Chardins, Stuttgart 1965.
H. Hesse, Franz von Assisi, Berlin/Leipzig 1904.
U. Hommes, Erinnerung an die Freude – Wegzeichen für die Suche nach dem Sinn, Freiburg i. Br. 1978.
U. Horstmann, Das Untier – Konturen einer Philosophie der Menschenflucht, Wien/Berlin 1983.
M. Huber-Legnani, Roger Bacon, Lehrer der Anschaulichkeit – der franziskanische Gedanke und die Philosophie des Einzelnen, Freiburg i. Br. 1984.
Jakob-Böhme-Symposion, veranstaltet vom Rat der Stadt Görlitz und vom Zentralinstitut für Philosophie der Akademie der Wissenschaften der Deutschen Demokratischen Republik, Görlitz 1977 (Protokollband).
K. Jaspers, Vom Ursprung und Ziel der Geschichte, München 1949.
H. Jonas, Das Prinzip Verantwortung – Versuch einer Ethik für die technologische Zivilisation, Frankfurt/M. 1979.
L. Junge, Die Tierlegenden des hl. Franz von Assisi – Studien über ihre Voraussetzungen und ihre Eigenart, Leipzig 1932.
Fr. Kaulbach, Ethik und Metaethik – Darstellung und Kritik metaethischer Argumente, Darmstadt 1974.
W. Kluxen, Humane Selbstbehauptung in der technischen Welt, in: Philos. Jahrbuch 1983.
St. A. Konopacki, The Descent into Words – Jakob Böhme's Transcendental Linguistics. Ann Arbor 1979.
A. Koyré, La philosophie de Jacob Böhme, Paris 3. Aufl. 1979.
U. Krolzik, Umweltkrise – Folge des Christentums? Stuttgart 1979.
U. Krolzik, „Machet Euch die Erde untertan ...!" und das christliche Arbeitsethos, in: Kl. M. Meyer-Abich (Hrsg.), Frieden mit der Natur, Freiburg/Basel/Wien 1979.
W. Kunz, Teilhard de Chardin in der Sowjetunion. Ein Gegner, mit dem man sich auseinandersetzt, in: Christ in der Gegenwart, 1971.
B. Lakebrink, Klassische Metaphysik. Eine Auseinandersetzung mit der existenzialen Anthropozentrik, Freiburg 1967.
R. Lay, Die Ketzer. Von Roger Bacon bis Teilhard, München/Wien o. J.
E. H. Lemper, Jakob Böhme. Leben und Werk, Berlin 1976.
G. Liedke, Im Bauch des Fisches. Ökologische Theologie, 2. Aufl. Stuttgart-Berlin 1981.
K. Löwith, Pierre Teilhard de Chardin, in: Philosophische Rundschau 1962.
K. Lorenz, Die Rückseite des Spiegels, Versuch einer Naturgeschichte menschlichen Erkennens, München 2. Aufl. 1973.
H. de Lubac, Tradition et nouveauté dans la position du problème de Dieu

chez le P. Teilhard de Chardin, in: De Deo in philosophia S. Thomae et in hodierna philosophia. Acta VI Congressus Thomistici Internationalis. Vol. II, Rom 1966.

H. Lübbe u.a., Der Mensch als Orientierungswaise? Ein interdisziplinärer Erkundungsgang, Freiburg/München 1982.

J. Maritain, Der Bauer von der Garonne, München 1969.

Kl. Meyer-Abich, Zum Begriff einer Praktischen Philosophie der Natur, in: Ders. (Hrsg.), Frieden mit der Natur, Freiburg/Basel/Wien 1979.

J. Monod, Zufall und Notwendigkeit, München 1971.

A. Müller, Das naturphilosophische Werk Teilhard de Chardins, Freiburg/ München 1964.

A. Pieper, Technik und Humanität, in: Philos. Jahrbuch 1983.

J. Pierhal, Albert Schweitzer. Das Leben eines guten Menschen, München 1955.

K. Popper, Die offene Gesellschaft und ihre Feinde. 2 Bde., München, Bern 6. Aufl. 1980.

A. Portmann, Der Pfeil des Humanen. Über P. Teilhard de Chardin, Freiburg/München 1960.

I. Prigogine/I. Stengers, Dialog mit der Natur – Neue Wege naturwissenschaftlichen Denkens, München 1981.

C.-H. Ratschow, Die geistesgeschichtliche Bedeutung Albert Schweitzers, in: Albert Schweitzer als Theologe. Zwei Akademische Reden von W. G. Kümmel u. C.-H. Ratschow, Marburg 1966.

M. Riedel (Hrsg.), Rehabilitierung der praktischen Philosophie, 2 Bde., Freiburg i. Br. 1972 und 1974.

Opera fratris Rogeri Baconis hactenus inedita, ed. J. S. Brewer, London 1859.

P. Sabatier, Franz von Assisi, Zürich 1920.

H. Sachsse, Der Mensch als Partner der Natur – Überlegungen zu einer nachcartesianischen Naturphilosophie und ökologischen Ethik, in: G. Kl. Kaltenbrunner (Hrsg.). Überleben und Ethik – Die Notwendigkeit, bescheiden zu werden, Freiburg/Basel/Wien 1976.

H. Sachsse, Ökologische Philosophie, Natur-Technik-Gesellschaft, Darmstadt 1984.

H. Sachsse, Die Erkenntnis des Lebendigen, Braunschweig 1968.

G. Schiwy, Teilhard de Chardin. Sein Leben und seine Zeit, 2 Bde., München 1981.

G. Schiwy (Hrsg. u. Erläuterung), Pierre Teilhard de Chardin, Das Tor in die Zukunft. Ausgewählte Texte zu Fragen der Zeit, München 1984.

Br. de Solages, Das christliche Denken und die Entwicklungslehre, in: Dokumente 4, 1948.

R. Spaemann, Die technologische und ökologische Krisenerfahrung als Herausforderung an die praktische Vernunft, Studienbegleitbrief 6 zu: Funkkolleg Praktische Philosophie/Ethik, herausgegeben vom Deutschen Institut für Fernstudien, Weinheim/Basel 1981.

R. Spaemann/R. Löw, Die Frage Wozu? Geschichte und Wiederentdeckung des teleologischen Denkens, München/Zürich 1981.

Le speculum perfectionis ou Mémoires de Frère Léon sur la seconde partie de la vie de Saint François d'Assise, ed. P. Sabatier, Bd. 1: Texte latin, Manchester 1928, deutsch: Der Bericht über das Leben des heiligen Franz von Assisi oder der Spiegel der Vollkommenheit, Nachwort von R. Guardini, übers. v. W. Rüttenauer, München 1961.

F. van Steenberghen, Die Philosophie im 13. Jahrhundert, München/Paderborn/Wien 1977.

Teilhard de Chardin – son apport, son actualité. Colloque du Centre Sèvres 1981, Préface de H. Madelin, Paris 1982.

G. M. Teutsch, Lexikon der Umweltethik, Göttingen/Düsseldorf 1985.

G. M. Teutsch, Soziologie und Ethik der Lebewesen – Eine Materialsammlung, Bern/Frankfurt 1975.

Fr. Thomae de Celano Vita prima S. Francisci; Legenda ad usum chori; Vita secunda, in: Analecta Franciscana sive Chronica aliaque varia documenta ad historiam Fratrum Minorum spectantia, edita a PP. Collegii S. Bonaventurae, Bd. X, Quaracchi 1941; deutsch: Thomas von Celano, Leben und Wunder des Heiligen Franziskus von Assisi, Erste Lebensbeschreibung S. 65–224, zweite Lebensbeschreibung S. 225–446, Einführung, Übersetzung, Anmerkungen v. Engelbert Grau OFM, Werl i. Westf. 1955 (Hinweis für die Zitation: 1 Celano = erste Lebensbeschreibung, 2 Celano = zweite Lebensbeschreibung).

H. Thode, Franz von Assisi und die Anfänge der Kunst der Renaissance in Italien, Berlin 3. Aufl. 1926.

Fr. A. Viallet, Teilhard de Chardin. Bd. 1: Zwischen Alpha und Omega. Das Weltbild Teilhard de Chardins, Nürnberg 2. Aufl. 1963. Bd. 2: Zwischen Ja und Nein. Dialog, Dokumente, Kritik, Nürnberg 1963.

G. Wehr, Jakob Böhme, der Geisteslehrer und Seelenführer, Freiburg 1979.

G. Wehr, Jakob Böhme in Selbstzeugnissen und Bilddokumenten, Reinbeck 1971.

C. Fr. von Weizsäcker, Die Einheit der Natur, München 1974.

G. Wendelborn, Franziskus von Assisi – Eine historische Darstellung, Wien/Köln/Graz 1977.

H. J. Werner, Die Ermöglichung des endlichen Seins nach Johannes Duns Scotus, Frankfurt/Bern 1974.

L. White, Die historischen Ursachen unserer ökologischen Krise, in: M. Lohmann (Hrsg.), Gefährdete Zukunft – Prognosen angloamerikanischer Wissenschaftler, München 1970.

N. M. Wildiers, Teilhard de Chardin, Freiburg/Basel/Wien 7. Aufl. 1966.

Personenregister

Das Personenregister bezieht sich nur auf den Text, nicht auf das Literaturverzeichnis.

Der Autor

Hans-Joachim Werner, geboren 1940, studierte Philosophie, Germanistik und Pädagogik in Köln und Freiburg i. Br., promovierte 1967 mit einer Arbeit über Thomas von Aquin und Hegel, habilitierte sich 1972 mit einer Studie über Duns Scotus und ist Professor für Philosophie an der Pädagogischen Hochschule Karlsruhe. Veröffentlichung: Die Ermöglichung des endlichen Seins nach Johannes Duns Scotus, 1974; zahlreiche Aufsätze über Themen der Philosophie des Mittelalters und der sogenannten „praktischen Philosophie" (Inhalte und Begründung von Handlungsnormen).

Buchanzeigen

Albert Schweitzer und Pierre Teilhard de Chardin im Verlag C. H. Beck

Pierre Teilhard de Chardin
Die Entstehung des Menschen
2., unveränderter Nachdruck 1981 der 1969 erschienenen Sonderausgabe
129 Seiten mit 6 Abbildungen. Leinen
Beck'sche Sonderausgaben

Pierre Teilhard de Chardin
Der Mensch im Kosmos
92. Tausend. 1981. 326 Seiten mit 4 Abbildungen. Leinen
Beck'sche Sonderausgaben

Albert Schweitzer
Die Ehrfurcht vor dem Leben
Grundtexte aus fünf Jahrzehnten
Herausgegeben von Hans Walter Bähr
4. Auflage. 1984. 167 Seiten. Paperback
Beck'sche Schwarze Reihe, Band 255

Albert Schweitzer
Friede oder Atomkrieg
Vier Schriften
Mit einem Vorwort von Erhard Eppler
3. Auflage. 1984. 100 Seiten. Paperback
Beck'sche Schwarze Reihe, Band 241

Albert Schweitzer
Kultur und Ethik
Sonderausgabe mit Einschluß von ›Verfall und Wiederaufbau der Kultur‹
3. Auflage. 1981. 372 Seiten. Leinen
Beck'sche Sonderausgaben

Albert Schweitzer
Selbstzeugnisse
Unveränderter Nachdruck. 1980. 397 Seiten. Leinen
Beck'sche Sonderausgaben

Harald Steffahn (Hrsg.)
Albert Schweitzer Lesebuch
2. Auflage. 1986. 409 Seiten. Leinen